KEXUE ZHONGXIN KEPU ZHANSHI DE
WENHUA GOUJING

科学中心科普展示的文化构境

张　娜　段　飞　羊芳明◎编著

中山大學出版社
SUN YAT-SEN UNIVERSITY PRESS
·广州·

图书在版编目（CIP）数据

科学中心科普展示的文化构境/张娜，段飞，羊芳明编著．—广州：中山大学出版社，2022.4

ISBN 978-7-306-07406-5

Ⅰ.①科…　Ⅱ.①张…　②段…　③羊…　Ⅲ.①科普工作—展览会—陈列设计　Ⅳ.①G311　②J525.2

中国版本图书馆 CIP 数据核字（2022）第 024872 号

出 版 人：王天琪
策划编辑：曾育林
责任编辑：曾育林
封面设计：曾　斌
责任校对：梁嘉璐
责任技编：靳晓虹
出版发行：中山大学出版社
电　　话：编辑部 020-84113349，84110776，84110283，84111997，84110779
　　　　　发行部 020-84111998，84111981，84111160
地　　址：广州市新港西路 135 号
邮　　编：510275　　传　　真：020-84036565
网　　址：http://www.zsup.com.cn　E-mail：zdcbs@mail.sysu.edu.cn
印 刷 者：广东虎彩云印刷有限公司
规　　格：787mm×1092mm　1/16　12 印张　240 千字
版次印次：2022 年 4 月第 1 版　2022 年 4 月第 1 次印刷
定　　价：68.00 元

他　序

科技与文化体现着人类的智慧，折射着人类对世界的探索、认知与感悟。随着新兴技术的不断涌现，科技馆的教育、展示、研究、收藏和休闲等功能都面临着新的发展转型，逐渐朝着更综合、更融合的方向发展。科学与技术的融合，创新了科普影视、科普游戏，重塑科普的表达方式；科学与艺术的融合，深化了科普作品的人文价值，重构观众的在场体验；科学与人文的融合，融通了两种文化之间长久以来的无形障壁，重建科普展示的叙事逻辑。如何拓展场馆的科学文化传播力，是很多科技馆都在思考的时代命题。

张娜博士等的《科学中心科普展示的文化构境》一书，敏锐地捕捉到了这一场馆科普研究中的重大问题，借鉴文学、文化研究的理论体系，对科技馆场域中生成的科学文化进行了理论模型建构，用展项、世界、策展人、观众作为文化的四个极点，绘制了一幅科技馆场域中围绕科普展示的科学文化图景，构建了别具匠心的特色性科普理论研究体系，并将当前科普研究中的众多彼此交叉而又相对割裂的科学传播、公众参与科学、科学教育、非正规教育、观众研究等研究范畴纳入此体系，实现了对已有科普理论的系统性梳理，用他域理论和创新实践丰富、发展了科普理论。

张博士借鉴文学、文化理论的模仿论、表现论、接受论、形式论批评范式，尝试使用文学、文化批评方法阐释科技场馆中展项叙事，致力于建立相应的科普理论与实践批评范式，这种尝试实现了科学与人文两种文化间的相遇、渗透、交融与传播，将研究触角直抵科学普及的哲学本质，在时间、空间、“存”与“在”、主体性等哲学维度考察当代科技馆的科普展示，并提出了科技馆展项的本质是现象叙事等学术观点，在科普学术领域发出了自己的声音。

该书的另一特色是用习近平新时代中国特色社会主义思想作为指导思想，提出了好奇心是推动科技馆代际转型的驱动力，新发展理念下的科学中心科普展示设计原则，将美美与共作为科学与人文主客体统一场的和谐态等立场鲜明的学术观点，展现了青年科普学者的文化自信。

该书在撰写方式上突破了以往的写作定式，每一章节的撰写都以研究论文的路径达成，突破了有些书籍撰写整体创新性不足的局限，使每一章节的内容都颇具创新性，各节仿佛挂在夜空的璀璨之星，耀眼夺目却又不会掩盖其他未言说的点点繁星之光。这种章节的设置呈现了作者不断深化思考和研究的过程，持续、自主地吐故纳新、自我演进。

衷心期待此书能够推动科普理论和实践研究的发展，助力科学普及和场馆的可持续发展。

王小明　博士
上海科技馆馆长
二级教授、博士生导师
中国自然科学博物馆学会副理事长
2021 年 4 月

自　序

境与镜——科学中心的文化苦旅

当科学走向传播，科学普及便应运而生。如果从 17 世纪波义耳讲座开始算起，那么科学普及已经经历了 300 多年的发展，现在已经成为一种广泛的社会现象，并伴随着科技进步与社会发展，不断焕发着蓬勃生机与盎然活力。自然科学与人类社会的相互作用催生了科学普及，科技与社会又哺育滋养着它的生长。科学普及位于自然与人、科学与社会、技术与人文等若干板块交接的活跃地带，其内生力正是源于其所处的这种跨域性的地缘优势。

科技馆为科学普及提供了场域，使科学普及空间化与场所化。科学中心作为最年轻的科技馆家族成员，是世界范围内科学普及领域的一颗熠熠生辉的明珠，散发着特有的魅力，其内部的展品、展项为科学普及提供了物质性媒介，将科学普及持续推向媒介化。但是，目前在科技馆、科学中心等场馆式科普中，普遍存在摸着石头过河、缺乏理论指导的问题，特别是在国内，由于缺乏创新理论的指引，“千馆一面”“千展一面”的同质化现象仍然存在。

本书是科学中心场域中维特根斯坦式的哲学考察，是异在论立场、中西比较视域下的科普理论创新研究，在知识谱系学方法论指引下，打通目前科普研究中由于“故步自封”造成的种种壁垒，开展以物质为根基、以实践为驱动、以理论建设为趋向的跨学科链式拓扑研究，致力于开拓科普研究的巴斯德象限，弥合理论与实践之间的鸿沟，游走于理论与实践、虚与实之间，隶属于科技哲学研究范畴，与笔者以往的科普文学、科幻文学、科技叙事、科技文化维度研究相呼应，共同构成了“五位一体”、西学东渐与中学西传双向互动的、未来向度下的、不断自我演化的科普理论实践研究网络，其生命力源自科学中心科普展示实践不断开展促成的理论与实践持续互化过程中产生的创新。

19世纪，英国数学家、逻辑学家、文学家刘易斯·卡罗尔创作了风靡全球、家喻户晓的《爱丽丝漫游奇境》（1865）及其续篇《爱丽丝镜中奇游记》（1871），以神奇的幻想与激昂的诗情突破了西欧传统儿童文学道德说教的刻板公式，童话叙事的外表下蕴含了诸多数学、语言学、逻辑和哲学问题。在某种程度上，本书也可谓科普领域的“梦游仙境”与“镜中奇遇”：发现科学中心场域中文化境的生成与存在，并通过模型化实现该文化境的理论建构，之后结合笔者多年徜徉与漫游在上述文化境中的经验、经历与体验，以展项为镜，透视万物，从策展人的视角进行观察，与世界、观众和自我相遇。

这种处于科学与人文奇点的科普研究尚处于体系化的探索阶段，并无先例可循，加之笔者选择从哲学视角融通科学与人文，以实现对科学与人文二元对立的超越，此间研究的艰辛与苦涩不必言说。然而，笔者相信，真理终将崛起于尘泥，科普理论必将在科学中心的丰富的场馆式科普实践中涌现出来，呈现秩序之美，生成一派富饶的理论图景，并在实践的检验中，持续延伸至广袤无垠的未来。

张　娜

2022年4月于广东科学中心

目　录

第一章　导论：科学中心科普展示的文化构境

在《镜与灯：浪漫主义文论及批评传统》（*The Mirror and the Lamp: Romantic Theory and the Critical Tradition*, 1953）中，艾伯拉姆斯（M. H. Abrams，以下简称艾氏）提出了著名的文学四要素（世界、作品、艺术家、欣赏者）图式，旨在对文学理论进行梳理与分类，由此定位其研究的“镜”与“灯”的理论隐喻，即文学理论中处理作品与世界之间关系的模仿论（mimesis）和处理艺术家与作品之间关系的表现论（expression criticism）。同时，在最为经典的模仿论和表现论外，依据上述图式，还存在作品与自身相关的形式论（formalism criticism），以及处理作品与欣赏者之间关系的接受论（reception criticism）。模仿论、表现论、形式论和接受论构成了传统文学理论的四种基本模式。

在本书中，笔者将科技馆，特别是科学中心场域中的科普展项定义为“现象叙事”，现象是科学中心展项模仿与再现的对象，叙事则是科学中心策展人通过展项对世界上各种现象的表现，作为“现象叙事”的科技馆和科学中心展项是再现与表现的统一，是同化与异化[①]双向进程的耦合，具备艾氏图式中的作品、世界、艺术家三要素，及模仿论与表现论两条路径。通过格式塔机制（gestalt），可对科学中心的科普展示图式进行完形填充，补充欣赏者这一要素及接受论路径，进行相应变形，建立起包含展项、世界、策展人与观众四要素，以及模仿论、表现论、形式论、接受论四种批评范式的科普展示文化系统。笔者将其命名为科学中心科普展示的文化构境（图1－1），致力于系统性梳理、发展科技馆展项相关理论，形成科技馆展项研究体系，并将科学普及、科技传播、观众研究、科学教育、展项本体论、展示设计等科普理论与实践研究纳入此体系。

---

① 柏拉图在《理想国》中对模仿（mimesis）与叙述（diegesis）进行了区分：若将模仿理解为对对象的再现，是一种同化的行为，那么叙述则是对对象的表现，是一种异化行为。

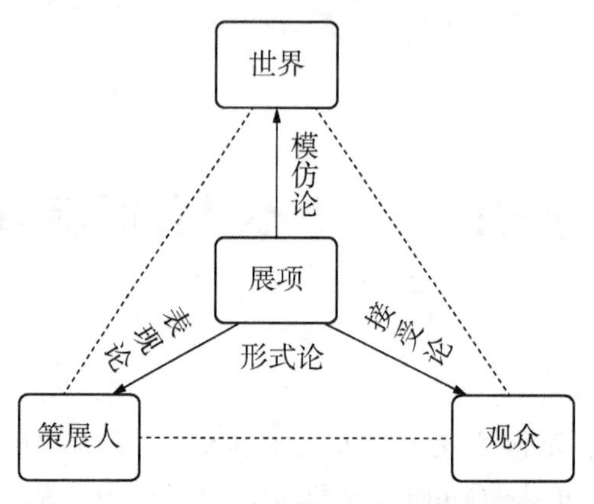

图 1-1　科学中心科普展示的文化构境图示

一、模仿论域中的科技传播与科学普及

在模仿论域中，作品被视为对世界和人类生活的模仿、反应或表象，其基本理论模式是作品的创作通过主体对客体的模仿来实现，认为作品是主体对客体真实的再现，将对事物表象/再现的真实性和恰当性作为作品的首要评价准则。模仿论是最古老的批评范式。在古希腊，模仿作为一种思想主导着艺术作品的创作。柏拉图（图 1-2）对模仿的论断要从其理念论说起。柏拉图认为在我们所处的现实世界外，还有一个理念的世界，它是一个抽象的、由想象力构建出来的世界，在理念世界中没有实物，只有理念。现实世界是理念世界的投影，即现实是对理念的模仿。将现实与理念的关系推演到艺术与现实的关系中，就得出艺术是对现实的模仿的结论。在《理想国》第五卷中，柏拉图借用他的老师——苏格拉底的三张床的例子说明了三重世界中的模仿：第一张床是由上帝创造的，它存在于理念世界中；第二张床是木匠模仿上帝的理念做的，它存在于现实世界中；第三张床是艺术家（画家和诗人）模仿木匠做的床而创作（画/写）出来的，它存在于艺术世界中。如果用箭头代表模仿的过程，那么这三张床的关系可作如下表述：理念世界的床（理式）→现实世界的床（现实）→画家笔下的床（作品）。因此，艺术家的作品距离真理就有两重距离，是影子的影子，好的艺术作品也许会无限接近现实中的实物，却永远无法抵达理念世界的真理。柏拉图将模仿与叙事对立起来，在《理想国》的“国家篇”中区分了《荷马史诗》的两种不同叙述形式，柏拉图将直接出现的人物的声音和动作称为“模仿”，将诗人自己的声音称为“叙事”，认为自第一位诗

人——荷马开始，诗人只会一遍又一遍地重复，但永远无法抵达真实。因此，柏拉图在城邦中只接受朴实无华的吟诵和尽可能不具模仿性的理想诗人，主张将其他诗人赶出“理想国”。在现代文学中，模仿论也成了现实主义理论的重要特征。

图1-2　柏拉图

美国国家科学、工程和医学研究院（the National Academies of Science, Engineering, and Medicine, NASEM）将科学传播定义为“交流关于科学的信息和观点，以实现如下目标/目的，例如，促进更深入的科学和科学方法的理解，又或者对围绕争议性事件的多种公开观点和科学顾虑拥有更深刻的洞见”。时任中国科普研究所所长任福君在《科技传播与普及概论》（2012）中将科学普及定义为“利用适当的传播方法、媒介、活动，通过科学技术知识、科学方法、科学思想、科学精神，以及科学技术与社会发展信息的传播普及促进科学技术的扩散和公众对科学技术的分享，激发公众个人、群体、社会组织对科学技术的意识、体验、兴趣、理解、意见的过程”。清华大学社会科学学院李正风教授认为，科学传播是建立在平等的关系上的、公众从理解到参与、信息从传输到互动与磋商的过程。科学普及既是一个包含权威化的中心、知识的单向传递、非平等关系、知识可靠性信念、科学家可信性预期等内容的学术概念，又是一个让公众接受和运用科学知识、理解科学的活动的政策概念。他进一步指出，科学普及与科学传播并非相互排斥，从科学普及到科学传播构成了一个行为谱系，反映了公众与科学的关系从“缺失模型”到“民主模型”或“对话模型”的范式转变。笔者认为，在以科学中心科普展项为媒介的科学传播或科学普及中，都隐含着逆向的模仿进程。如果将科普展项理解为策展人的作品，那么这个作品首先应当是对现实世界的模仿，而科学传播或科学普及的目的在于期待观众通过接受科普展项这个作品来理解现实世界中的各种自然、科学或技术现象，这是一种逆向的模仿。在模仿论视角下，评价科学传播与科学普及的首要原则自然是科学性、真实性，暂且不谈柏拉图客观唯心主义的那个纯粹由理式构成的理念世界，科普展项应最大限度地模仿、还原外部现实世界中的自然或人为现象，通过去语境化，抽象出其本质与精髓，再在科学中心中通过再语境化实现对现象的再现。

二、表现论域中的展项叙事与展示设计

在表现论域中，表现主义批评主要是将作品与其作者联系起来，例如，将诗歌视为诗人的情感的表达、流露或发声，或作为诗人感知、思想和感受基础上的想象力的产物，在作品中寻找作者有意或无意揭示出的个人特有的气质和经历的证据，并倾向于根据作品的真诚性或反应诗人个人视野、精神状态的充分程度来判断作品水平的高低。表现论主要由浪漫主义评论家在 19 世纪初提出，最著名的当属英国湖畔派诗人华兹华斯（William Wordsworth，图 1 - 3）的表述，诗是强烈情感的自然流露。在这种学说中，主体不再面对客体，而是直接抒发自己内心的情感，由此创作了作品。表现论的兴起掩盖了古典主义的模仿论的光芒，正如比厄斯利（Monroe C. Beardsley）所言，模仿论被放到了一边，或降居从属的地位，取而代之的是一种表现论。按照艾氏的观点，如果说镜子是模仿论的隐喻，那么灯则隐喻了表现论。比厄斯利指出：“诗人的心灵状态，他的情感的自发性和强烈性，成为关注的焦点……情感表现理论给浪漫主义的艺术带来了一个根本的转向：这时，至关重要的不再是作品本身，而是它后面的人。……而这样的窗户，我们从中看到创造者个人的内在生活和个性。”到 20 世纪，表现论在心理学、精神分析评论家的著作及日内瓦学派等对意识的研究学者中仍占据重要位置。

图1-3　华兹华斯

诚然，正如著名叙事学家罗兰·巴特（Roland Barthes）所言，任何材料都适宜叙事，即叙事的承载物可以是跨媒介的，但目前叙事学研究大多局限于以书面语言为载体的叙事作品中，很少涉及非语言材料构成的叙事领域。展项叙事有助于从叙事研究的方法论层面发现科技馆和科学中心展项的价值与意义。近年来，科技馆学界对叙事研究已不再陌生，特别是在展览研究领域，如何利用叙事研究的方法和技术来做好展览成为近年来热议的话题。在表现论域中，展项叙事与展项设计成了策展人与展项之间关联的重要方面。展项的研发、设计、制造与实施是一种非标准化的过程，其中包含了策展人大量的创意与灵感的抒发、表达，相应地，科学中心的展项也被视为非标定制产品。诚然，随着科技馆行业的蓬勃发展和不断壮大，展项研发也逐渐从策展人的苦思冥想向策展团队、工程化研发平台发展，当代科学中心的展览研发中创意思维与工程思维交织、博弈，但仍不可以也不应当忽视策展人个人驰骋的想象、发现与创造、灵感的抒发及个性化的表达与设计，还有由此形成的展示创意。策展人将自己的经验注入展项实体中，观众在某种展示叙事和设计中与不在场的策展人相遇，体悟策展人所要表达的情感与心境，通过展项这扇窗，透视策展人丰富的内心世界，促成不同主体之间的相遇、情动、自我塑造与意义生成。笔者认为，科学中心的展项是基于模仿论的“现象”与基于表现论的“叙事”的复合，并由此提出了“现象叙事”这一概念，旨在从哲学层面考察科学中心的科普展示，加以理解并给予界定。这里，还需要指出的是，在展项叙事与展项设计中，创意性与情动性是从表现论角度衡量科普展示的重要指标。

三、形式论域中的展项“存”与“在”的本体论

在形式论域中，我们可以暂时将作者、接受者、世界“束之高阁”，不再关注任何作品之外的要素，只需要关注作品本身及其内在的形式。形式论又称为客观论，它将作品视为摆脱了通常被称为“外部”关系的作者、观众或是周围的世界。作品成了自给自足的自主对象，或自在世界，作品本身就是它的最终目标，并且只通过复杂性、连贯性、平衡性、完整性、组成要素的相互关系等作品内在的标准来进行分析和判断。康德（Immanuel Kant，图1－4）在《判断力批判》（1790）中提出了审美对象自给自足的概念，到19世纪后期，在艺术批判领域这一观念的拥护者提出了“为了艺术而艺术”（art for art’s sake）的观点。20世纪初以来，许多重要的批评家通过具体的理论批评方法对形式论进行了阐释，包括俄国形式主义、新批评主义、芝加哥学派和欧洲形式主义等，它们将我们的关注点引到了作品形式。俄国形式主义关心的是文学与非文学之间的差异，认为这种差异不在于题材，也不在于作者的现实生活领域，而在于表现形式，由此作品与世界之间的关联被切断了，俄国形式主义提出了“陌生化”（disfamiliarization）的理论，致力于语言修辞的革新。新批评主义倡导对作品的细读，认为作品与作者无关，与读者也无关。维姆萨特

图1－4 康德

（William K. Wimsatt）和比厄斯利提出了著名的“意图谬见”（intentional fallacy）理论，将诗与其产生过程相混淆，即从写诗的心理原因中推衍批评标准，必将导致传记式批评和相对主义。他们还提出了“感受谬见”（affective fallacy），将诗和诗的结果相混淆，即从诗的心理效果推衍出批评标准，必将导致印象主义和相对主义。

可以看出，形式论并没有考虑世界，也没有考虑作者与接受者，而只是考虑作品形式本身。科普展示是内容与形式的统一：如果说，在内容上，科普展项是艾氏的“镜子”，选取适当的角度，去语境化地反射世界中的某种现象，那么，在形式上，科普展项便是艾氏的“灯”，需要对镜中的映像进行创新化的表达，通过新颖的展示形式，进行再语境化。2004—2006 年，伦敦 6 家博物馆联合进行了一项展览更新改造项目，名为“换一种说法”。在我国，尽管科技馆事业蒸蒸日上、高速发展，但仍不可否认，科技馆行业存在着创新不足、“千馆一面”的问题，展览千篇一律的问题，在展示内容、展示形式上都存在着同质化的现象。如何去同质化，是值得国内科技馆展览思索的问题。在这点上，我们可以从俄国形式主义理论中汲取营养，俄国形式主义评论家什克洛夫斯基（V. Shklovsky）提出通过“陌生化”实现新奇，在内容、形式上超越常境，通过新的形态塑造一种疏离感，产生审美距离，给人以感官的刺激或情感的震动。笔者提出了科学中心科普展示“生成他者”的异化模式，并在健康素养主题下阐述了该模式的内涵：在围绕健康素养这个主题的科普展示中，科学中心的展项通过感官式装置对健康知识进行物化，实现了健康知识的物质性生成；通过体悟式模型对健康技能进行身化，实现健康技能的具身性生成；通过场景式造型对健康理念进行文化，实现健康理念的涉身性生成；通过媒体式游戏对健康行为进行理化，实现健康行为的抽象性生成。除展项作为物质的“存”的形式外，本书还考察了展项的“在”，即展项占据的空间——科学中心/科技馆的形式，这个空间既可以是实体的线下展览空间、实验空间、创客空间，也可以是虚拟的线上展示空间、联盟空间、智慧空间，还可以是虚实结合的人机交互空间、人机混合智能空间、万物互联空间。但无论是何种科普展示的“存”与“在”，在形式论视阈下，异质性、叙事性都是科普展示评价的重要指标。

四、接受论域中的观众研究与科学教育

如果说模仿论关注的是艺术与世界的关系，表现论关注的是艺术与艺

术家的关系，那么接受论关注的则是艺术与接受者的关系。接受论又称为实用论，它将作品视作为了对观众产生诸如审美愉悦、教育或情感类等效果而创建的，并倾向于将作品的价值与是否成功实现了上述目标联系在一起。在接受论中，接受者与作品之间的互动变得尤为重要。接受论范式很大程度上受到了被誉为“古罗马三大诗人”之一的贺拉斯（公元前1世纪，图1－5）的《诗艺》的影响。到20世纪，一些结构主义批评家也采用了接受论的方法，将作品作为催生读者解释性反应的符号系统。在接受论看来，虽然主体创作了作品，但作品的意义是由接受者来完成的。法国结构主义批评家罗兰·巴特更是提出了“作者已死”（the death of the author）的鲜明论断，指示作者的不在场或隐蔽（而非不存在），以及由此带来的文本阐释权向读者的递交。在接受美学视野中，作者意图的存在在作品完成之际便无法再施加影响，读者不必揣测、还原作者的意图，只需在自由的空间中进行作品的阐释，在与作品的互动中结合自身过往的经验和经历，赋予作品具身化的意义。正如伊格尔顿（Terry Eagleton）所说，作品的意义从未被其作者的意图所穷尽，当一部作品从一个文化和历史语境传到另一文化和历史语境时，人们可能会从作品中抽出新的意义，而这些意义也从未被其作者或同时代的读者所预见。

图1－5　贺拉斯

与摒弃一切外界考量、专注自身本体的形式论不同，接受论强调的是作品的实用价值和教育意义，关注受众的反馈与习得。这是一种将科学中心、科技馆置于社会语境中的必要考量，也是科学技术与社会（science, technology and society, STS）、科学传播与社会（science communication and society, SCS）等研究的重要指向。在新博物馆学（neo-museuology）中，观众这一概念已经不是同质化的公众，而是已转变为复杂文化场域中的主动阐释者和意义生成的积极创造者。无论是为了获得政府支持，评估政府性指标的达成度，为政府决策提供数据支撑，还是对行业发展趋势的分析，科普展项都不能将自身的追求止步于孤芳自赏的艺术品，而应切实考虑观众的感受，将重心转向观众，加大观众研究的力度。当代科学中心、科技馆的重要职能便是非正规（科学）教育，美国非正规科学教育促进中心（Center of Advancement of Informal Science Education，CAISE）将非正规科学教育描述为“发生在正规教室以外的、多种设计环境和体验中的科学、技术、工程和数学（STEM）终身学习”。科学中心、科技馆作为重要的非正规教育场所，积极探索场馆式科学教育的可能性，秉承 STEM（科学、技术、工程、数学）和 STEAM（科学、技术、工程、艺术、数学）的国际先进教育理念，通过体验式探究学习，激发观众的好奇心，培养观众的科学家精神。本书追溯了科学教育的历史性变迁，包括动眼（eyes-on）、动手（hands-on）、动脑（minds-on）“三动”科学教育，并重点研究了最为前沿的“情动”（hearts-on）科学教育理念，并对该理念进行了科普展示化探索。在接受论域中，生成性、教育性是科普展示的重要考量原则。

五、走向批评范式的科普展示研究

批评是一个整体性的冠状术语，包含对作品的定义、分类、分析、阐释和评价等的研究。理论批评提出了某一明确的文学理论，将一种普遍的原理及一套术语、特征和类别应用于文学作品的辨析中，还有评价这些文学作品和其作者所依据的标准或规范。最古老的，同时亦是经久不衰的理论性批评论是亚里士多德的《诗学》（公元前 4 世纪）。在接下来的几个世纪中，最有影响力的理论批评家有希腊的朗基努斯（Longinus），罗马的贺拉斯，法国的布瓦洛（Boileau）和圣伯夫（Sainte-Beuve），德国的鲍姆加滕（Baumgarten）和歌德（Goethe），英国的塞缪尔·约翰逊（Samuel Johnson）、科尔里奇（Coleridge）和马修·阿诺德（Matthew Arnold），美国的爱伦·坡（Poe and Emerson），等等。20 世纪世界范围内批评理论蓬勃发展，相继出现了以什克洛夫斯基等为代表人物的俄国形式主义（Russian formalism），以艾略特（T. S. Eliot）、维姆萨特（W. K. Wimsatt）和比厄斯利（M. C. Beardsley）等为代表人物的英美新批评主义（Anglo-American new criticism），以伊格尔顿（Terry Eagleton）、威廉姆斯（R. Williams）、詹姆逊（F. R. Jameson）等为代表人物的马克思主义批评（Marxist criticism），以弗洛伊德（Sigmund Freud）、拉康（J. Lacan）等为代表人物的心理批评（psychoanalytical criticism），以荣格（C. G. Jung）、弗莱（Northrop Frye）等为代表人物的神话和原型批评（myth and archetypal criticism），以索绪尔（F. de Saussure）、列维纳斯（C. Lévi-Strauss）、罗兰·巴特（Roland Barthes）、多德罗夫（T. Todorov）等为代表人物的结构主义（structuralism），以伊瑟尔（W. Iser）、姚斯（H. R. Jauss）、费什（Stanley Fish）、荷兰德（N. N. Holland）等为代表人物的读者反应批评（reader response criticism），以德里达（Jacques Derrida）、保尔·德·曼（Paul de Man）、希利斯·米勒（J. Hillis Miller）、哈罗德·布鲁姆（Harold Bloom）、杰弗里·哈特曼（Geoffrey Hartman）、艾氏（M. H. Abrams）等为代表人物的解构主义（deconstructionism），以波伏娃（Simone de Beauvoir）、克里斯蒂娃（J. Kristeva）、巴特勒（Judith Butler）、肖尔瓦特（Elaine Showalter）等为代表人物的女性主义批评（feminist criticism），以福柯（M. Foucault）、格林布拉特（Stephen Greenblatt）等为代表人物的新历史主义（new historicism），以葛兰西（A. Gramsci）、法农（F. Fanon）、赛义德（Edward. Said）等为代表人物的后殖民主义（post-colonialism），以伯明翰学派的霍加特（Richard Hoggart）、霍尔（S. Hall）、威廉姆斯（R. Williams）等为代表人物的文化研究（cultural studies），等等。进入21世纪，以解构主义为特征的“后学”在批评领域势头依旧强劲，以布拉伊多蒂（Rosi Braidotti）、哈拉维（Donna J. Haraway）、海勒（N. Katherine Hayles）等为代表人物的后人文主义的一轮新的“后学”狂潮强势来袭，对人类的主体性进行了解构，倡导多元、异质的即身与寄身，缝合、消融人类与机器、动植物、大地等非人类之间的边界，带给人类前所未有的关于自身“存”与“在”的哲学思考。

科学中心科普展项批评范式的建立意味着以展项为中心的科普展示文化的建立，即一种文化构境的生成，其意义在于弥合了科学普及、科学传播、展项及科技馆本体论、展项叙事与设计、非正规教育、观众研究等不同学术范畴之间的缝隙，通过模型化实现了学术域之间的衔接和缝合。对比科学中心科普展示的文化构境与艾伯拉姆斯文献四要素图式，可知展项替代了原有图式中的作品，策展人代替了艺术家，观众代替了欣赏者。这种代替不是简单的置换，当策展人成为艺术家，展项成为作品，观众成为欣赏者，科学中心场域中的科技文化便应运而生，科学与人文的融合便水到渠成，而批评范式的生成则意味着科普展项接受来自评论家、观众等多方的阐释、解读与批评，科普展项的意义也由此进入动态的生成态中，变得开放、包容、多元，在多方的交流与对话中完成意义的生成。例如，在本书中，笔者就运用了女性主义叙事学的批评方法阐释、解读了纽约自然历史博物馆的“神秘海洋”展。科学中心科普展示的文化构境图式还揭示了科普展项从科学地反映世界的本质属性到实现对公众的科学教育的重要功能依靠真实性、创意性、情动性、异质性、叙事性、生成性等属性，这些都是构成科学中心对科技内容进行科普转化的重要环节。科普展览的批评范式还可以是动态的，贯穿科普展览研发全生命周期的，它可以是前置性的、形成性的，也可以是较为普遍的、总结性的。相较于文学、文化领域的批评，科普展示的批评需要前移，不仅在批评中产生创意，即在批评理论指导下进行展项创新，而且在创意中不断开展批评，以理论的视角审视创意的意义与价值，形成不同的科普展示（现象叙事）风格：可以是模仿论下的现实主义风格、表现论下的浪漫主义风格、形式论下的结构主义风格、接受论下的实用主义风格，也可以是更为综合的多种风格的杂糅。

海纳百川，有容乃大，科学中心科普展示的文化构境图式仿佛编织了一个有关科普展示的“黑洞”，它将成为一个意义综合体，不断吸引、吸收、吸纳所有科普理论与实践，特别是场馆式科普理论与实践，并不断接受各种新理论的校验。例如，伴随着科学中心行业的不断壮大，行业分工的不断细化，展项创造活动的主体已不再是某一策展人的单数概念，而是复数概念，即包含策划、设计、制作、施工等角色的项目团队，甚至研发平台，这种情形一方面要求策展人不断丰富自己的职业技能，参与展项从零到一的全过程，成为复合型的人才，另一方面要求策展人除了个人灵感的抒发与表达，即艺术思维外，还应具备科学、技术、工程及数学思维，强化解决实际问题的能力。又如，在当下自媒体时代，科学不再是严格意义上已完成的科学，而是不断形成中的科学，观众不再是科学传播的接受方，而可能成为科学传播的发起方，挑战着以往单一化的权威，观众可能通过“公民科学”的方式参与科学研究，也可能通过“联合策展”的方式参与策展进程，造成观众与策展人重合的问题。再如，在当下及未来的人工智能时代，科学中心科普展示文化构境图式接受着来自非人类主体的检验与校正。2018 年，世界首次由人工智能（AI）创作的画作《埃德蒙·贝拉米画像》（*Portrait of Edmond Belamy*）以 43.25 万美元（约合人民币 300 万元）的拍卖价格卖出。2019 年 AI 微软小冰对过往艺术大家的作品进行机器学习后独立完成了自己的大作，在中央美术学院开了首个 AI 个人展——“或然世界”（Alternative Worlds）。AI 似乎连人类最后的堡垒——创造力也攻破了。AI 也能策展，它可以通过分析空间、照明、技术水平、预算和作品尺寸、风格等，为博物馆量身打造展览。当 AI 取代策展人、观众后，科学中心科普展示文化构境图式的有效性将再次受到冲击。在新时代，必须与时俱进，对该图式进行适时、适度的验证与修订，不断丰富、完善科学中心科普展示的文化构境。

第二章　展项：形式论域中的展项“存”与“在”的本体论

第一节　科学中心的未来发展趋势

摘要：未来是不可预测的，任何对未来的预测都须以现实的检验为根基。本节从科学中心的内部和外部两个层面列举了科学中心面向未来可能发生的转向，不代表也不排除其他可能的趋势。从内部来看，基于圆形时间观，未来的科学中心不仅将与先于它出现的科技馆家族中的科学与工业博物馆、自然历史博物馆相融合，还将与先于科技馆出现的博物馆家族谱系中的艺术博物馆、历史博物馆相融合。这种融合是保存个体差异的主体间的相遇，不同形态的博物馆共生博弈，彼此竞争，而又彼此哺育、滋养。从外部来看，基于压力反馈机制，科学中心应对来自科学与技术、社会与公众等方方面面的挑战与机遇，将呈现出具身化、虚拟化、叙事化、动情化、均等化、生成化等发展趋势。最后，本节还希望未来的科学中心是不断思考的时代引领者，将提升社会责任感、勇作为、敢担当作为自身的发展方向，为世界更加美好的明天而审慎、笃定地前行。

关键词：科学中心；科技馆；博物馆；发展；趋势

一、引言

谈到对未来的想象，不禁让人联想到科幻小说。科幻创作也常被人理解为将现有的某种现象或趋势纯化或放大，以产生戏剧化效果，并将其延伸至未来。美国科幻小说家勒奎恩（Ursula K. Le Guin）借用“薛定谔的猫”这一经典量子力学的思想实验概念，将科幻小说的创作描述为一种思想实验（thought experiment），指出就像薛定谔（Erwin Schrödinger）和其他物理学家开展思想实验的目的不在于预测，而在于展示“未来”一样，科幻小说也不是在预测，而是在描述，即对未来的想象实则是在描述现实世界。[1]

关于现在与未来的关系，可借用维特根斯坦（Ludwig Wittgenstein）花园与荒野的隐喻[2]来描述：若把现在描述为布置妥当、秩序井然的花园，那么将来则给人一种陌生感和无法明了地再现带来的混沌感。但与此同时，这种陌生感和混沌感却掺杂着熟悉感，从现在到将来的时间之路从花园延伸至荒野，未来的无序是建立在现时的有序之上的，并不是完全无迹可寻，不是绝对光滑冰面上不可能的舞蹈，而是粗糙甚至泥泞的地面上，即现实基础上足迹斑斑的蹒跚。

与科幻小说家类似，未来学家也认为对未来的研究不是一种预测，其目的不在于预见未来某种情形是否可能发生，而在于帮助我们想象多种可能的未来。与科幻小说家不同的是，未来学家在基于现有趋势对未来开展想象后，会返回现实并寻找当下有用的做法，而不会像科幻小说家那样，继续建构未来世界，在其间开展虚构叙事。未来学研究通常会寻找并监控变化，跟踪该变化的发展趋势、事件和新出现的问题，想象不同的未来，通过预测和情境建构来测试新的假设，并沟通、回应变化。未来学家需要运用其直觉和逻辑，想象塑造我们脚下道路的力量将把我们带向何方，并最终用现实检验他们对未来的想象。[3]

想象未来的关键在于时刻对变化保持敏感，这种变化可以是渐进式的正在发生的渐变，或是断崖式的在下一个风口浪尖随时准备向我们扑面而来的突变。对变化的捕捉需要我们找出什么是已知的，并超越既有知识，寻求新智慧，发现即将发生的趋势的早期迹象、征兆，或已有趋势的变化方向。在“十四五”规划全面开启之际，科学中心需要监测变化、预测并进行情境建构，并将这些纳入已有的规划模型中，从而完成对变化的沟通与应对，让科学中心这艘满载着观众的科技航母不断前行，驶向未知的远方。下面就从内部和外部两个方面对当代科技馆——科学中心未来的发展趋势加以剖析，并运用未来学的研究方法，在分析未来趋势后，回归现实，提出科学中心应对未来面临的种种机遇与挑战的行之有效的策略与做法。

二、内部分析——回到过去或走入未来

对未来的研究与对历史的研究有诸多相通之处，无论是未来学研究还是历史研究，都是从我们了解最多的现在开始，向前看或向后看，由确定走向不确定。两者有时甚至是交叉的，这里再次借用科幻小说加以类比。众所周知，科幻小说一般都是讲述发生在未来时空中的故事，但科幻小说大类下却有一个称为“架空历史”（alternative history）的子类，描述并非真实发生的历史，小说中的故事通常会发生在一个作者在某些创作前提下虚构或改编的历史，成为一个由作者随意设定的过去世界。无论是发生在未来还是过去，科幻小说的时空都是建立在此在的基础上，其科学性、合理性都以作者和读者共享的此在真实为标准进行衡量与判断。

对时间性质的追问是萦绕在古今哲人心中永恒的核心问题。工业革命以来，飞速发展的科学技术为人类社会带来福祉的同时，也带来了环境污染、生态破坏、物种灭绝等负面效应，人类与自然、与本真的自我日渐疏离、渐行渐远，人们开始质疑、反思科技的进步，想象、建构不同于线性时间的多种时间观：时间是圆形的，时间是从未来流向过去的，时间是可以弯曲的，等等。博尔赫斯（Jorge Luis Borges）、勒奎恩（Le Guin）、特德·蒋（Ted Chiang）等具有哲学倾向的科幻小说家都曾在其作品中描述过圆形时间观。不同于工业革命以来与科技进步相匹配的、不断向前的、单一向度的线性时间观，圆形时间观认为时间顺着一个巨大的弧形向前飞奔，奔向它的源头和起点，周而复始、回环往复。以史为鉴、面向未来，历史也许并不是未来的参考系，而是未来之镜，向未来前行的脚步往往与向历史回归的步履相重合。

这里我们不妨采用圆形时间观的思路，从历史中探寻未来的趋势。从第一座科技馆——牛津大学的阿什莫林博物馆（Ashmolean Museum）于1683年对公众开放至今，科技馆已经历了300多年的发展。[4]综观世界范围内科技馆的发展历程，伴随着人类对自然（有自然哲学与自然历史两条路径）的研究，出现了自然历史博物馆（natural history museum，NHM）；工业革命后伴随着人类对工业技术与制造的研究，出现了科学与工业博物馆（museum of science and industry，MSI）；之后将对自然的研究和对工业的研究合流形成科学与技术中心或科学中心（science center，SC）三种形态：自然博物馆活跃于17—18世纪，以收藏展陈动植矿物标本等自然物品为主；科学与工业博物馆活跃于19世纪，以收藏科学实验仪器、技术发明、工业

设施等人工制品为主；科学中心活跃于20世纪，通常不再藏物，而通过动手（hands-on）、动脑（minds-on）、动情（hearts-on）的非正规科学教育，传播科技文化，促进公众理解、参与科学，见表2－1。这三种形态的科技馆的历时性演进与共时性互化推动着世界科技馆的发展，使科技馆在21世纪通过自我革新与重塑，不断满足公众日益增长的对高品质科技文化资源的需要，呈现出基础设施完备、功能设置合理、展教主题/形式丰富、运营形式灵活、与社会紧密联系、观众服务个性化等向未来科技馆迈进的态势。

表2－1 科技馆的代际发展

代别	形态	举例	目标
第一代	自然历史博物馆	1793 （法国）巴黎国立自然历史博物馆 1812 （美国）费城自然科学院 1869 美国自然历史博物馆	收藏、收集、研究
第二代	科学与工业博物馆	1906 德意志博物馆 1930 （美国）纽约科学与工业博物馆 1933 （美国）芝加哥科学与工业博物馆	公共教育、收藏、收集、研究
第三代	科学与技术中心	1937 （法国）巴黎发现宫 1962 （美国）太平洋科学中心 1964 （美国）纽约科学馆 1968 （美国）劳伦斯科学馆 1969 （美国）探索馆	公共教育

博物馆学界通常将自然历史博物馆、科学与工业博物馆、科学中心分别称为第一代科技馆、第二代科技馆和第三代科技馆，而吴国盛等学者更倾向于将它们视为科技馆的不同类型，笔者表示赞同，但更倾向不用“类型”，而用“形态”来表述这种差异，因为三者之间既存在着代际的演进，也存在着博弈与共生。吴国盛指出，国内科技馆的发展跳过了科学与工业博物馆这个环节，而直接走向了科学中心类型，这可能使我们忽视科学技术的历史维度和人文维度，单纯关注它的技术维度。[5]他本人更是身体力行，在科学中心式科技馆盛行的今天，倾力打造清华大学科学博物馆，致力于将它建成中国第一个综合类科学博物馆，注重近代中西方科学仪器藏品和复原品的收藏与展示，见证一百多年来中国人民学习西方科学技术的历程，唤起公众对科学历史物证（器物）的重视，唤醒全民的科学博物馆意识，最终推进国家科学博物馆的建立。[6]

笔者认为，基于圆形时间观，当代科学中心在未来的发展不仅可以通过向它的上一代，即科学与工业博物馆形态复归来实现，还可以将科技馆放在更为宏大的博物馆家族谱系中来看待其发展问题。综观世界范围内博物馆的发展历程，科学中心目前是博物馆家族中最年轻的成员，历史博物馆、艺术博物馆等博物馆形态都先于科技馆出现。[7]科学中心应当站在“前辈”的肩膀上，充分借鉴各种其他类型的博物馆在历史的发展中积累的智慧结晶，不仅学习科技馆大类下的科学与工业博物馆、自然历史博物馆展陈内容和形式的精髓，形成综合类科学博物馆，还应突破科技馆的藩篱，向博物馆家族谱系中的历史博物馆和艺术博物馆取经，实现科技与艺术、历史的融合，模糊自然科学、人文科学、社会科学之间的界限，形成集历史、艺术、自然、科技、人文等元素为一体的博物馆家族新成员——未来馆（the museum of the future）。

科学中心资深学者怀特（Harry White）在《第三代：科学中心的发展趋势》一文中提出了“未来馆”这一概念，并将其视为下一代的科学中心，见表2-2。文中指出，在哥本哈根的Experimentarium科学中心召开的Ecsite（欧洲科学中心和博物馆网络）2019年会上，探讨了侧重于展示“未来”的展项和机构。会议认为，日本的未来馆（Miraikan）、澳大利亚的MOD.①、奥地利的林茨多媒体艺术中心（Ars Electronica Linz）②、法国的图卢兹Quai des Savoirs文化活动中心、芬兰的赫尤里卡（Heureka）等科学中心侧重展示未来主题的展项，波兰的哥白尼科学中心（Copernicus Science Center）、比利时的Technopolis科学中心正在策划未来主题的展览，德国的未来主义（Futurism）和迪拜的未来馆（Museum of the Future）是正在建设的未来馆。[8]笔者认为，可将未来馆的内涵扩大化，将科技馆之前的博物馆形态，特别是艺术博物馆的元素纳入其中，由此形成的未来馆不仅是新一代的科技馆，而且是新一代的博物馆。

---

① 位于澳大利亚阿德莱德市的MOD.是一个未来主义的发现博物馆，是一个生成中的场所，也是一个受启发的场域。让年轻人受到科学和技术的启发，展示科研如何塑造对周围世界的理解，从而为未来提供信息。展览专为15～25岁的年轻人设计。这并不是说15岁以下的人不会感兴趣，但他们可能需要指导才能参与其中。在澳大利亚，没有任何一家博物馆能提供类似MOD.的体验。MOD.的定位是在艺术与科学的交汇处，将研究人员、不同行业的学生聚集在一起，以实现自我挑战、学习和启发。

② 奥地利的林茨多媒体艺术中心自1996年以来，运营了多媒体艺术未来实验室（future lab）。在该实验室中，来自世界各地的、跨学科的艺术家和科学家团队研究未来，通过互动场景，为公众准备了“数字革命”的展示，以启发民主讨论。

表 2-2 科学中心的代际发展趋势*

代别	描述	展示	文化	下放	信息	方法
1	大帝国分类学	物	权威型	无	事实和事物	还原式
2	牛顿百货商场	现象	自主文化	阐释/控制	被策划的探索	还原式
3a	创客运动	创造性	反权威型	教学法	无指引探索	扩展式
3b	参与	社区	联合创造	策展	自我策划的体验	包容式/扩展式
3c	未来博物馆	可能性	改变文化	责任	自我决定	民主式

* 表格引自 White H. The third generation: trends in science center development [J]. Dimensions. Bimonthly Magazine of the Association of Science and Technology Centers. Sep./Oct. 2019—Moonshots，笔者译。

需要指出，在内部分析中，笔者有意忽略了科学中心组织内部人员方面的分析，主要是考虑到员工的诉求与整个机构的发展时常呈现出一种不相匹配的状态。一方面，员工的诉求会形成组织发展的惯性，组织规模越大，这种来自内部的、停滞不前的惯性也越大，拖滞组织向前发展的步伐。但另一方面，不可否认的是，科学中心的发展归根到底是由人来实现的，而且这些人员大多数来自机构内部。如何调动科学中心内部人员的积极性，将其个人的发展与科学中心未来的发展相协调，考验着管理者的智慧与勇气，也是科学中心能否真正实现发展的关键。

三、外部分析——压力反馈与转向响应

从外部来看，科技馆作为科学传播、非正规科学教育、公众参与科学的场所，是科学与公众之间沟通的桥梁，是科学与社会之间互动的场域。科学与技术（science and technology，S&T）、社会与公众（society and public，S&P）之间通过科学中心（science center，SC）实现了联通，由此形成了科学中心的 3S 外部结构，见图 2-1。在这个类似容器的联通结构中，任何一处压力的变化与传导，都会使位于中心处的科学中心产生相应的波动，且应对每一处的压力，科学中心都会发生相应的转向，以实现容器内部的动态平衡。这种对外部压力的反馈和响应机制形成了科学中心在未来的某种发展趋势。

例如，作为世界最早的科学中心，由奥本海默（Frank Oppenheimer）于 1969 年创建的探索馆，不断进行调整自身的发展方向，以应对变化的外

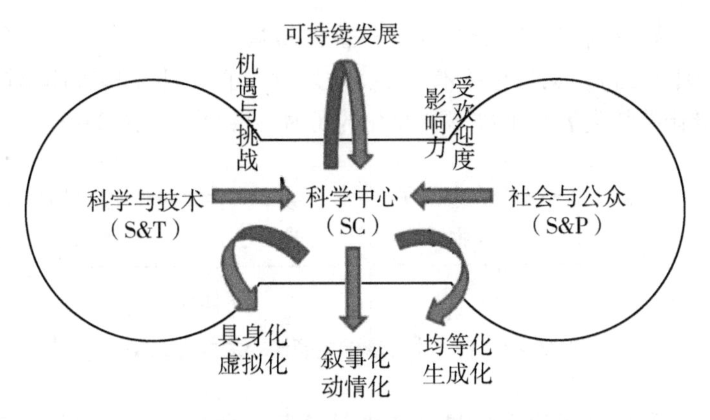

图2-1　科学中心发展趋势3S模型

部环境，在第一个15年（1969—1984）里，一直在发展自身的专业知识，通过展览和活动为公众、教师和学生创建基于场馆的、以学习为中心的体验。在第二个15年（1985—2000）里，探索馆致力于开发自己的工具、合作伙伴和网络，通过在线活动、教师职业发展，积极构建与世界其他博物馆和教育机构的研究组和合作关系，让展馆体验超越物理场所的局限，辐射馆外的观众。到了第三个发展阶段，探索馆将重心放在为观众创造机会，使观众成为探索馆发展中真正的合作伙伴。探索馆为观众提供的可能性包括为观众提供联合研发展品、开发活动项目的机会，支持用户基于馆方资源创建在线资源等。在不断变化中保持不变的是通过创新型环境、活动和工具，创建学习环境，使人们对周围世界产生好奇心。[9]

1. 科技的发展促使科学中心发生具身化、虚拟化转向

科学中心的具身化与虚拟化这两种趋势看似是相反的两种进程，实则存在着内在的辩证与统一。具身化发生在展教内容上，虚拟化则发生在展教形式上，二者共同构成了科学中心展教资源为回应来自外部世界日新月异的科技进步冲击而形成的渐变趋势。

近年来，世界范围内科学传播的重点转向了与人类身体密切相关的健康传播（health communication），从人类的身体和所处的生活世界等层面关注生命、福祉（well being）、人性、美好、生态环境等增益人生（life-enhancing）的体验。世界最大科技馆/科学中心的广东科学中心在展馆展项建设中的经验也在一定程度上展示了这一变化趋势。对这一趋势的归纳有助于当代科技馆展项主题演进路径的推演。进入20世纪第二个10年，广东科学中心展览建设主题呈现了从抽象科学到物化技术（“走近诺贝尔奖”展到“用眼看世界——科学观察工具”展），从物化技术到身化技术（更新改造后的交通世界馆到广汽新能源汽车科普体验馆，更新改造后的绿色家园到低碳科普体验馆），从身化技术到涉身技术（从食品药品科普体验馆到“战疫”抗击新冠肺炎展）的技术具身化的历时性演进，见图2－2。

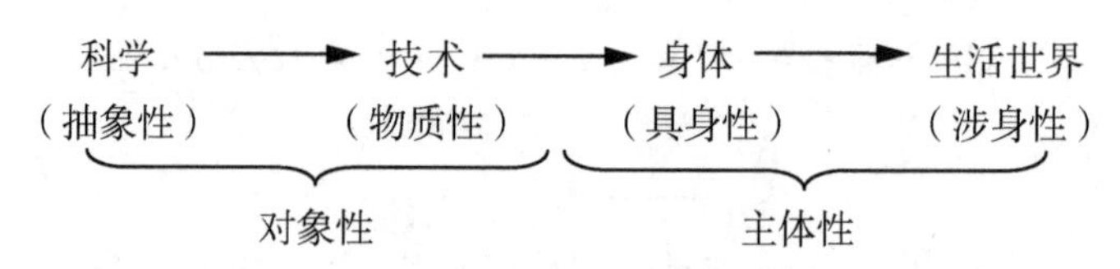

图2－2　科学中心展馆主题演变的内在理路

21世纪科学技术突飞猛进，特别是信息技术和网络技术的迅速发展和广泛应用，对各行各业都产生了深远的影响，科学中心也不例外。从数字化到智慧化，世界范围内科学中心都在不同程度上进行着将自我虚拟化的变革，以适应从“互联网＋”到5G时代的需求。科学中心通过网站、微信公众号等多种线上渠道延伸着观众的参观体验，观众足不出户，就可以通过4D虚拟游览开启展项互动体验。展教资源的数字化、展馆运营的智慧化，让观众切身感受到现代信息科技冲击下科学中心的自我变革。虚拟化还包含展示技术上的进步，将虚拟现实/增强现实/混合现实、结构投影、动态影像、激光秀等新颖的数字技术应用到科普展示中，有利于科学中心展项的语境再造与形式创新，也是未来的持续的发展方向。以伦敦英国博物馆集团为例，当虚拟和数字媒体在文化中盛行，很多员工心中都对观众是否能理解物理实体展品，特别是博物馆的藏品及其价值产生了疑问。对科技馆而言，藏品与观众体验之间是有距离的。很多观众对19世纪司空见惯的机器——这些造就了世界诸多伟大技术的器物，变得不再熟悉。成长在当代虚拟数字媒体文化中的年轻一代，相比于实物展示，更熟悉新兴的媒体展示。为了让展项再次走近观众、深入人心，伦敦博物馆借由新型数字媒体技术赋予藏品新生命，借由互联网的力量，开展多种形式的线上展示，以重新发掘展项的魅力，使其在虚拟世界中焕发生机。

又如，近年来跻身美国国际主题公园及景点协会发布的“全球最受欢迎的20家博物馆”榜单前十（2016年第八，2018年第六）的上海科技馆，历来重视科技与文化的融合，利用数字技术对场馆知识体系进行重塑。该馆馆长王小明教授在2020年第三届文化和科技融合热点和趋势论坛上谈到，在数字化展示方面，数字技术使场馆的知识体系展示呈现出智能化、可视化、沉浸式体验等特点，未来还将形成无边界融合和个性化定制的场景知识体系。此外，数字技术进一步提升了藏品研究的精度和应用的水准，并对线上教育水平提升产生了一定的影响。结合上海科技馆知识体系的构建，他进一步讲述了场馆科技与文化的深度融合在场馆常设展、临展、收藏研究、科普教育等方面的应用，以及如何有效发挥教育、展示、收藏、研究四大场馆功能。在科普游戏部分的讲解中，他指出，随着数字技术的出现，场馆及学校教育可能会发生转变，科普游戏或许将成为科普教育的一种方式。面对未来数字技术对场馆知识体系所产生的影响。他表示，能不能用数字技术重新设计线上的科技馆是场馆未来需要思考的问题。不是把现在的科技馆搬到线上就叫线上科技馆。他认为，场馆知识体系的重塑还要思考以下四个问题：如何在高度分享资源的同时保护好知识产权，如何使数字化展示与实体展览融合相长，如何善用流量做好跨界营销，如何构建具有影响力的在线知识库。在他看来，相应问题解决方法的探索仍需聚焦“数字”的运用。他相信，随着数字技术的新突破，场馆科技与文化的融合将进一步加深，从而构建新型的文化产业。此外，场馆打造还需运用数字时代的新理念，加大高端复合型人才的培养，提升自身的创新力，并聚焦数字技术应用的新视野，拓展场馆科学文化传播力，缩小科普城乡差异。[10]

2. 科学中心自身可持续发展催生叙事化、动情化转向

叙事是人类区别于其他非人类的本质属性，是人类抵御人工智能对人性“侵蚀”的重要手段。近年来，如何通过叙事的方法提升科技馆展项内容设计渐渐受到了国内科技馆界的关注，例如，刘奕以合肥科技馆“WE 展区”为例，分析“主题 - × ×”二元结构在展馆内容规划方面的应用，旨在突破科技馆传统的主题式、学科式设计方法。[11]叙事不仅是科技馆展项研发中的重要方法，更是科学中心为实现自身的可持续发展而采取的整体性策略。科学中心作为社会机构，参与科学与公众的对话，成为一种话语空间。科学中心作为话语空间，其场域中发生的叙事是多维度的、对话性的，包括展项叙事、观众叙事等。未来的科学中心应通过展项叙事推动观众叙事，促成科学中心这一话语空间并存的多种对话，包括观众间的、观众与策展人的、观众与科学中心的各种形式的交流与互动。[12]

在信息洪流涌动的今天，对于观众而言，信息的获取变得愈发容易，科学中心逐渐认识到自己在认知性学习领域中的作为是有限的，如果将自身定位为科学信息的传播者，很难在充斥着信息洪流的当代世界自持与发展。现代观众缺乏的往往不是对特定主题的认知，而是对其周围世界的情感。为了维持自身的可持续发展，科学中心需要让观众收获的不只是认知层面上对科学知识、科学方法的理解，更多的是情感层面上对科学思想和科学精神的崇尚。要让观众通过参与式的体验，感受到成功的喜悦和获得的快乐。在21世纪兴起的动情的科学教育也要求作为非正规科学教育机构的科学中心进行响应，通过动情的科普展示、教育活动等多种形式，让观众产生情动，进而在情感层面理解科学精髓，享受科学之乐，感受科学之美，体验科学之用，意识到科学的责任，参与到科学的进展中。[13]

叙事与动情的科学中心将作为空间的展馆与作为物的展项的意义交至观众手中，观众与展项及其所处展馆空间的相遇（encounter）塑造着观众的心智、情感与存在。科学中心是不同文化相遇的空间，展项是相遇的触媒，触发了主体间的相遇：拥有不同经验和内在需求的个体之间的接触、情动、叙事、塑造意义与自我。汉尼斯（Tom Hennes）这样描述展项的相遇："观众在某处与空间、物及其表现的思想相遇，也许在无意中还会遇到其他观众和员工。通过物及其阐释方式，观众还与不在场的策展人相遇。在人造物（展项）的空间中，每名观众的个体性、主体性生活经验与策展人的相关经验相遇。展项的意义不仅由观众共同创建，还由观众和策展人异步的、主体间性的以展项为媒介的相遇造就。从相遇的角度看，这种意义塑造上的集体行为是一种在参与者间发生的创造性活动。参与者将自己的经验注入其中，对机构性产出的权威进行了去中心化，将其分散至机构和机构资源使用者之间的空间中。"[14] 相遇态下的科学中心超越了传统意义上非正规教育机构的既定框架，成了不同主体相遇、情动、叙事、自我塑造与意义生成的空间。

3. 受欢迎度与高影响力要求科学中心均等化、生成化

保持科学中心在公众中的受欢迎度直接关系到科学中心的经济效益。关注公众在人口统计、心理等方面的变化，采取策略、措施提升观众满意度并维持受欢迎度是科学中心一直以来的追求，做到"一个都不能少"的公众参与，是当代科普伦理中平等性的要求，"兼顾公众群体多样性。平等对待不同人群，反对偏见与歧视。确保不同年龄、性别……获得必要且适宜的科普服务"[15]。目前，在科学中心的实践中，往往将青少年作为对象观众，而忽视其他年龄层人士的需求。例如，在21世纪，社会老龄化将继续带来人口统计学上的变化，科学中心如何为老年人提供更加可及的服务是值得思考的问题。下面以女性和成年人为例阐释科学中心在均等化方面需要做出的努力，并揭示未来发展的趋势。

——女性：研究显示，相比男性，女性较少参观科技馆，而且女性也较少参与STEM展项，因此，科学中心需要考虑如何设计展项，以提升女性观众的参与度。世界范围内，教育研究人员已开展相关研究，提升女性对STEM主题的兴趣。科学中心也需要针对女性的学习喜好，进行展教资源的体验设计。2018年，探索馆就在文化反馈教学法（culturally responsive pedagogy，CRP）视角下，研发了女性反馈设计（female-responsive design，FRD）框架，包括女性反馈策略（实现社交互动和协作）、设计适应（为一位朋友或一组人提供足够的空间、鼓励讨论）和展品设计属性（多面展台设计、多展台设计等）三个层级，并最终形成了九大促进女性参与的展品设计EDGE（Exhibit Design for Girl's Engagement）的设计属性。[16-17]2018年广东科学中心观众调查结果显示，成年女性观众在所有来馆观众中占据相当高的比例，如何提升这部分核心观众对展项的参与度是科学中心在未来需要解决的问题。因此，关注女性观众对展馆、展项的参与度是科学中心未来的发展方向之一。

——成年人：美国研究委员会于2009年发布的《非正规环境中的科学学习》报告中强调了终身学习（life-long learning）对于获取并维持对自然世界和人工世界的科学理解的重要性。报告指出，大多数成年人对科学的学习都发生在离开正规学校教育之后。科学中心作为非正规科学教育机构，应当作为正规学习过程的补充，为成年人提供大量关于科学与技术的及时、准确、可及的信息和相关的学习体验。但实际情况是大多数科学中心尚未将成年人视为核心观众，缺乏对成年人终身教育的关注。曾于20世纪末建立了著名的、被广泛应用的公民科学素养三维度（科学知识、科学方法、科学意识）理论及指标测评体系的美国学者米勒（Jon D. Miller）于21世纪再次做出重要论断，指出在当今互联网时代，学习模型已由过去百年中的注重知识存储、以备不时之需的“仓库”（warehouse）模式转向无须大量前期储备、随取随用的“及时”（just-in-time，JIT）模式。米勒认为，对于博物馆和类似的非正规科学学习机构而言，要想在21世纪继续生存并保持旺盛的生命力，亟须采纳“即时”模式，并对自身体系进行相应的重构，无法与该模式相匹配的机构将会“像恐龙一样灭绝”。[18]

不仅要提升科学中心在公众中的受欢迎度，还需提升科学中心的社会影响力，目前已出现馆际、馆校、馆政、馆企等多种社会协同的合作模式。在未来，这种合作与协同不仅是机构间的，还存在于观众与科学中心之间，体现为一种生成化（becoming）的趋势。科学中心不是已然形成的物与空间，而是不断生成中的意义的场域。生成性强调观众的参与。国际博物馆协会博物馆学委员会（International Committee for Museology，ICOM）前主席、荷兰博物馆学家门施（Peter van Mensch）曾言：“博物馆这门行业产生至今，共有三次革命：第一次革命发生在1900年左右，在这期间，博物馆正式提出了其基本从业准则，界定了业务范围；第二次革命发生在1970年左右，博物馆出现了一种新样式，即常说的新博物馆学（new museology）；第三次革命发生在2000年左右，也就是说，我们正在经历这次革命，正在见证又一新样式的出现。虽然我们还没对它正式命名，但其关键词就是‘参与’。”[19]被誉为“博物馆的远见者”的美国博物馆学家西蒙（Nina Simon）于2010年出版的《参与式博物馆：迈入博物馆2.0时代》在博物馆界大受好评，该书是反映国外博物馆“参与”这一发展趋势的重要著作，呼吁通过与用户组（如潜在观众）、利益相关者（如科学家、公共历史学家和其他知识生产者）、其他博物馆和文化机构（如艺术博物馆与科学博物馆之间的联系）的合作来开放博物馆。西蒙鼓励文化机构将其观众视为文化参与者，而不是被动消费者。[20]

近年来，国外科技馆中出现了观众联合策展（co-curation）、展项众包（crowdsourcing）、公众科学（citizen science）等观众参与科学中心的新模式，为科学中心的生成性趋势提供了很好的阐释。科学中心中的联合策展和展项众包是建立在盛行于近10年间的创客文化基础上的。创客文化强调动手做和问题解决的技能，创造产品，而不再作为产品的消费者，这些创客理念鼓励观众像工程师一样，参与到科学中心的展项开发中，不仅贡献创意，还要动手参与展项制作，并能像科学家一样，承担、开展自己力所能及的研究工作。例如，伦敦科学博物馆建立了“公共历史与联合策展工作车间”，曾与观众共同策划1960年以来的电子音乐史的小型展览。[21]又如，美国自然历史博物馆提供了一种声音体验，能让使用者贡献展览内容，在开源的基础上，艺术家开发了Roundware平台，让观众通过手机对该博物馆的《美国故事》展览中展出的代表性物品进行口头描述，开展展项众包，使失明或视力低下的观众更便于参观该展览。[22]再如，在2018年以来兴起的公众科学理念指导下，公众成员参与收集、分类、记录或分析科学数据，已被用于物种调查、动物迁徙追踪及发现系外行星等各种类型的科研项目中。康奈尔大学鸟类实验室的eBird网站每月都会从全球各地收集到500万条关于鸟类的观察数据。在这些参与式的科学中心新模式中，生成性既体现为一种始终处于进行状态中的未完成性，也体现在所有参与的主体在参与式互动实践后都收获了新的自我，包括身份、文化、职业发展等维度的变化。[23]

四、结语

综上所述，基于圆形时间观，未来的科学中心不仅将与先于它出现的科技馆家族中的科学与工业博物馆、自然历史博物馆相融合，还将与先于科技馆出现的博物馆家族谱系中的艺术博物馆、历史博物馆相融合。一方面，这种融合是存续个体差异的主体间的相遇，不同形态的博物馆共生博弈，彼此竞争，而又彼此哺育、滋养，科学中心作为博物馆家族中最年轻的一员，要积极吸收前辈在发展中的经验与智慧，并正确处理“影响的焦虑”（指后来者时刻处于超越前人的焦虑中），形成并发扬自己独特的风格，比如互动性、沉浸式等。另一方面，基于压力反馈机制，科学中心应对来自科学与技术、社会与公众等方方面面的挑战与机遇，将呈现出具身化、虚拟化、叙事化、动情化、均等化、生成化等发展趋势。综观近年来科学中心行业内涌动的变化，如重磅炸弹（blockbuster）展览、大屏幕（big screen）展览、探客工坊（tinker studio）等，有些是一时的潮流、转瞬即逝，而有些则经受住了时间的考验，促成了科学中心的实质性发展，代表了科学中心的发展趋势。毕竟，未来学告诉我们，未来是不可预测的，任何对未来的预测都须以现实的检验为根基，在此，笔者仅列举了以上科学中心面向未来可能发生的转向，不排除其他可能的趋势。

最后，笔者还想谈谈科学中心的社会责任感问题，并希望科学中心在未来也将提升社会责任感作为一种发展方向。科学中心有大有小，对社会和公众的影响力也有所差异，但应尽其所能，坚持科普向善的价值导向，做有时代责任感、敢于担当、有所作为的科学中心，以不断满足人民日益增长的科技文化需要为己任，促进国家强盛、社会繁荣、人民幸福，实现可持续发展。大到文化建设、理念建设，小到项目建设，为推动世界的发展做出积极贡献。例如，2017 年英国 At-Bristol 科学中心在该馆进行了理念的升级，更改为“我们是好奇的人”（We the Curious），并大胆地提出以拥抱新视野、建立好奇心文化为使命，将自身定位为一个面向所有人的思想性场所，建构并传播独具特色的好奇心文化，展馆理念由“让所有人接触到科学”，变为“建立好奇心文化”，显示了该馆敢于树立标杆，建构并引领新文化的勇气与担当。又如，伦敦科学博物馆作为世界科技馆的先驱，始终能跟随时代的脚步，持续发展，不仅贯通自然历史博物馆、科学与工业博物馆、科学中心这三个科技馆的分支，还在科技馆的理论建设方面颇有建树，建立了科学资本（science capital）的概念体系，该概念比影响评估框架更广泛、更全面，是一个用于衡量个人对科学的了解的概念性工具，是整个科学参与（science engagement）的生态系统。如今，科学资本已被英国政府用作科技馆的影响评估工具。再如，澳大利亚是世界上最干燥的居住地，但人均用水量却排在全球第一。为了创建可持续的水未来，需要转变当地人对于日常家居用水的看法。澳大利亚的维多利亚博物馆有一个为了可持续未来发展的资深策展人，负责一项名为“水智能房屋”的项目，让社区的公众参与，获得教育和启迪，节约用水、循环用水、让公众重新认识水的重要价值。可以看出，科学普及不仅是科技创新的重要支撑，也关系到社会、环境、经济、政治等方方面面的发展，面向未来的科学中心不应将自己局限在科普或是科技领域，而要有改变世界的勇气和担当，不断思考自身在区域、国家、世界中的定位，为将世界变得更加美好而努力前行。

参考文献：

[1] LE GUIN U K. The left hand of darkness [M]. New York: Ace Books, 1969: 8 - 10.

[2] 张娜. 花园与荒野之间：维特根斯坦语言哲学观照下的科幻叙事 [J]. 沈阳大学学报（社会科学版），2016（4）：463 - 467.

[3] MERRITT E. How to forecast the future of museums [J]. Curator, 2011, 54 (1): 25 - 34.

[4] UOKO D A. Looking back to look ahead [J]. Dimensions. Bimonthly Magazine of the Association of Science and Technology Centers. Jan. /Feb. 2019—The Future of Science Centers.

[5] 吴国盛. 走向科学博物馆 [J]. 自然科学博物馆研究，2016，1（3）：62 - 69.

[6] 叮！馆长吴国盛教授告诉你，清华大学科学博物馆未来的样子 [EB/OL]. [2020 - 12 - 20]. 搜狐网. https://www.sohu.com/a/439420642_472886.

[7] FRIEDMAN A J. The extraordinary growth of the science-technology museum [J]. Curator, 2007, 50 (1): 63 - 75.

[8] WHITE H. The third generation: trends in science center development [J]. Dimensions. Bimonthly Magazine of the Association of Science and Technology Centers. Sep. /Oct. 2019—Moonshots.

[9] SEMPER R. Science centers at 40: middle-aged maturity of mid-life crisis? [J]. Curator, 2007, 50 (1): 147 - 150.

[10] 王小明：数字技术重塑场馆的知识体系 [EB/OL]. [2020 - 10 - 23]. 中国经济网. https://www.sohu.com/na/426834784_120702.

[11] 刘奕. 引进“二元叙事结构”，深化展览科学内涵：以合肥科技馆更

新改造“WE 展区”为例［J］. 自然科学博物馆研究，2018，3（3）：20－27.

［12］MACALIK J，FRASER J，MCKINLEY K. Introduction to the special issue：discursive space［J］. Curator，2015，58（1）：1－3.

［13］SONG J，CHO S K. Yet another paradigm shift?：From minds-on to hearts-on［J］. Journal of the Korea association for research in science education，2004，24（1）：129－145.

［14］HENNES T. Exhibitions：from a perspective of encounter［J］. Curator，2010，53（1）：21－33.

［15］面对争议性科学话题要怎么发声？《科普伦理倡议书》给出建议［N/OL］.［2020－09－24］. 科技日报. http://news.cnwest.com/tianxia/a/2020/09/24/19123094.html.

［16］DANCSTEP T，SINDORF L. Creating a female-responsive design ramework for STEM exhibits［J］. Curator，2018，61（3）：469－484.

［17］DANCSTEP T，SINDORF L. Exhibit designs for girls' engagement（EDGE）［J］. Curator，2018，61（3）：485－506.

［18］MILLER J D. Adult science learning in the internet era［J］. Curator，2010，53（2）：191－208.

［19］VAN MENSCH L M，VAN MENSCH P. New trends in museology［M］. Celje：Muzej novejše zgodovine，2011：12－13.

［20］西蒙. 博物馆的第三次革命：参与式博物馆［EB/OL］.［2018－12－22］. 搜狐网. https://www.sohu.com/a/283765023_488901.

［21］BOON T. Co-Curation and the public history of science and technology［J］. Curator，2011，54（4）：383－387.

［22］DAVIS D. New ways of “seeing”：the evocative power of audio and the empowerment of crowdsourcing in exhibitions［J］. Curator，2013，56（3）：371－373.

［23］HACKER S，HAKLAY M，BOWSER A，et al. Citizen science. innovation in open science，society and policy［M］. London：UCL Press，2018.

第二节　好奇心驱动下的科技馆迭代与衍化

摘要：好奇心是一种具有操演性和生产性的心理现象，它具备由个体心理域向行为域，甚至现实域跃迁的动力：好奇心驱使主体进行玩耍、探索、想象、求知等行为，促成知识的习得与学习，并最终导向现实性的创造，乃至创新。从创新回归好奇心显示了创新重心前移内化与谱系增长、淡化功利性实用主义考量，以及个体精神性与思想性复归。历经自然历史博物馆、科学与工业博物馆、科学中心的代际演进与共生互化，科技馆始终与好奇心紧密相连。当代科学中心的三次变革谱写了以科学普及推动科技创新、以场馆式科普的创新发展为引擎驱动科技创新的新篇章。在好奇心理念的引导下，科学中心科学普及的三重功能也发生相应衍化，旨在以好奇心为导向，驱动科学中心向未来馆转型。

关键词：好奇心；科技馆；创新；演进；衍化

世界科普场馆普遍存在着创新发展的难题，在迈入“十四五”阶段，科技馆如何与时俱进、持续创新、自我重塑、加速发展，是摆在所有科技馆面前的一个重要命题。本文从好奇心理论出发，将好奇心作为科技馆创新发展的驱动力，对上述科技馆创新难题进行理念与实践方面的探索、回应与破解。

一、好奇心理论

西塞罗（Cicero）曾言，好奇心是“与生俱来的对学习与知识的爱，没有利益的诱惑”。[1]亚里士多德（Aristotle）认为好奇心是对信息的内在渴望。[2]科学在文艺复兴后才走上了迅速发展的道路，原因在于文艺复兴使自然重新被发现，个体得以在广阔的大自然中驰骋自己的好奇心。文艺复兴时期，人们对古典文献及自然哲学的狂热激起了欧洲人追求真理的激情和绵延不断地对自然的好奇心。[3]许多科学史家、科学家都很重视好奇心的作用，并对其进行了热情的赞美。萨顿（George Sarton）曾说：“发现关于一般事物及人自身的真理的强烈好奇心，正像人对美和善的渴望一样，是人类的特征。”他还说：“科学进步的主要动因是人类的好奇心，这是一种根深蒂固的好奇心，不是一般意义上的感兴趣……一旦好奇心被激起，便再也无法平息他们对知识的渴望……说科学的进步是由于人类的每一种活动和由于人类的不管是善还是恶的激情不会是过分的。”[4]好奇心能激起人们的想象力，这种想象力往往能突破一般的逻辑思维产生突破性的创造，即创新。人类想象力和创造力的自由发挥，便造就了创新。好奇心驱使自由探索精神的施展，即想象力。爱因斯坦（Albert Einstein）曾说，“我没有什么特殊的才能，我只是充满激情地好奇”[5]，他将好奇心上升至科学精神的高度予以肯定。科学精神中的“科学好奇心”在康德处是一种“生产性的想象力”。作为人类先验想象力的一部分，好奇心是一种健康的激情存在。[3]

好奇心本质上是一种心理现象，心理学对好奇心的研究基本经历了本能论、驱力论和认知论三大阶段。[6]1890年，詹姆斯（William James）将好奇心引入心理学研究范畴。詹姆斯及同时代的心理学家基本上都对好奇心持本能论观点，认为好奇心是一种“趋向更好认知的冲动”，他提出，对于儿童，好奇心让他们趋向“明亮的、生动的、惊人的”新事物和激动人心的品质。[7]后期他又对上述定义进行了修正，将其提升至更高的理智层面，认为还有一种是对“抽象事物的想知”或“科学的好奇心”，这种好奇心是“哲学的头脑对一种不一致或自身知识差距”的反应，是一种趋向更完整的科学和哲学知识的冲动。[8]本能论者麦独孤（William McDougall）认为，好奇心是人类的天性，人类许多思索性倾向和科学倾向都根植于好奇心之中。[9]

进入20世纪，一些学者用驱力论研究好奇心。1956年，哈洛（Harry Harlow）将好奇心视为一种基本驱力，属于“操纵性动机”，它使生物体投身于问题解决的行为中，且无须有形的回报。[10]1966年，伯莱因（Daniel Berlyne）贡献了20世纪好奇心驱力论研究的重要论断，将好奇心分为感知性好奇心和认知性好奇心两种，前者驱动生物体寻求新鲜的刺激，这种好奇心随着持续的接触而降低，是生物体（包括非人动物、婴儿，乃至成人）探索性行为的首要动力。与感知性好奇心相反的是认知性好奇心，伯莱因将好奇心描述为“不仅获得消除当前不确定性的信息承载刺激的途径，而且获取知识”的动力。[11]

始于20世纪50年代的认知论将好奇心的研究推向了高潮。皮亚杰

(Jean Piaget) 认为好奇心与儿童探求世界的需要紧密相连，玩耍的目的在于通过与世界互动进行知识建构，好奇心是由儿童试图将新知识纳入已知认知结构所引发的认知不平衡的产物。[12]还有学者从信息加工的过程出发，认为学习者对刺激物复杂程度的选择会呈现一种“U”形态势。复杂程度由学习者当前的心理表征决定。该理论提出学习者会倾向于选择一种中等复杂程度的刺激物——既不会过于简单（即完全编码为记忆），也不会过于复杂（完全不同于已编码的记忆）。[13]

当代对于好奇心的观点认为它是一种特殊的寻求信息的形式，这种特殊性在于其内部驱动性。1994 年，卢文斯坦（Lowenstein）在格式塔心理学、社会心理学和行为决定论基础上形成了好奇心的信息差理论（information-gap theory)，将好奇心描述为“一种由知识和理解缺口引发的认知缺乏”，他进一步提出，对于好奇心而言，提供少量的信息是最优的，过量的信息会削弱好奇心。[9] 2009 年，康（Min J. Kang）等人通过功能性磁共振成像研究发现了关于好奇心的倒“U”形曲线，验证了罗文斯坦的观点：这表明，受试者对部分但未完全编码的信息表现出最大的好奇心。康等人还发现好奇心可以增强学习，他们发现对好奇心的解决可以激活学习结构，并驱动学习。[14]

在关于好奇心发展的研究中，学者发现，好奇心在婴幼儿注意力及早期教育的研究中占有重要的地位。婴儿对强对比区域、运动的伊始及人脸的关注都可以利用关于好奇心的新奇理论加以解释，这些注意力的定势取向驱使婴儿走向求知之路。婴儿倾向于选择部分而非完编码为记忆的刺激物。伯纳维兹（Schijndel van Bonawitz）等发现儿童喜欢玩那些有悖于其期待的玩具，他们还发现儿童对教学语境外、缺乏明确解释的事物显示出更强的好奇心，且儿童会对非教学条件下的玩具玩更长时间和发现更多玩具的功能。[15]

需要指出的是，虽然好奇心是一种心理现象，但很多与好奇心直接相关的研究都没有使用“好奇心”这个词，而是关注好奇心所引发的明显的行为。好奇心会驱使主体进行玩耍、探索、想象、求知等行为，促成知识的习得与学习，并最终导向现实性的创造，乃至创新（图 2－3）。

2020 年，习近平总书记为更好地编制“十四五”规划，召开多场专家座谈会。在 2020 年 9 月 11 日召开的第三场科学家座谈会上，习近平总书记多次谈到与科技创新息息相关的“好奇心”，指出：“科学研究特别是基础研究的出发点往往是科学家探究自然奥秘的好奇心。”在阐述创新精神时，习近平总书记再次提到好奇心：“从实践看，凡是取得突出成就的科学家都

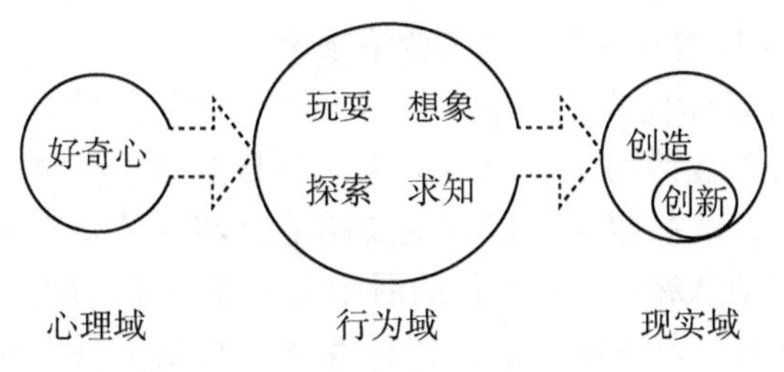

图2－3 从好奇心到创新的路径

是凭借执着的好奇心、事业心，终身探索成就事业的。”“好奇心是人的天性，对科学兴趣的引导和培养要从娃娃抓起，使他们更多了解科学知识，掌握科学方法，形成一大批具备科学家潜质的青少年群体。”[16]从创新到好奇心的回归显示了：①重心前移内化与谱系增长，即延长了创新链条，并将重心由现实层前移、内化至心理层；②淡化功利性实用主义考量，即明确了创新的原动力是好奇心，而非功利心，重视基础科学研究；③个体精神性与思想性复归，即科学好奇心属于科学精神与科学思想范畴，从众创回归个体的精神性与思想性。

二、好奇心与科技馆的代际演进

从第一座科技馆——牛津大学的阿什莫林博物馆于1683年对公众开放至今，科技馆已经历了几百年的演化，历经自然历史博物馆、科学与工业博物馆、科学中心的代际更迭，呈现出了向新一代科技馆——未来科技馆迈进的趋势。在科技馆的历时性发展过程中，随着科技馆收藏功能的弱化和教育功能的强化，藏品的数量锐减，策展人和观众的重要性骤升，但亘古不变的是科技馆始终与好奇心紧密相连。

1．第一代科技馆——自然历史博物馆

早在17世纪文艺复兴时期，科技馆的雏形——“好奇心之柜”（cabinets of curiosities，又叫“珍奇柜”）就出现了。所有的知识、宇宙都放在架子上、柜子里，或是从天花板上悬挂下来，在“一个无限丰富的小房间”里。尽管结合百货商店的橱窗展示及伪透视法，自然历史博物馆创建了栖息环境透镜画展示野生动物和自然场景，但它仍以收藏为主要功能。这种藏品收藏以博物学为基础，而博物学本身就是关于开启人类对世界好奇心的学问。在当代自然资源趋向匮乏的情况下，自然历史博物馆帮助人类重拾对自然万物的好奇心。

2. 第二代科技馆——科学与工业博物馆

18 世纪工业革命促成了科学、技术与工业的长足发展，表达对工业革命认同的科学与工业博物馆也应运而生。与自然科学博物馆相比，科学与工业博物馆也进行藏品收藏，但其主要功能已转向公众教育，在静态陈列的同时，还使用动态展示和主题化的展示提升观众参与度。观众按下按钮、摇动手柄和操作杆，与展项互动。机械互动，甚至机电互动，成为科学与工业博物馆的主要展示手法，而这种触发机构、启动相应展示的方法本身就源于观众对未知的好奇心。相较一览无余的直给，互动展项将要传递的科学内容设置在观众操作之后，产生了一种信息差，激起了观众的好奇心，驱动观众的探索与求知行为。

3. 第三代科技馆——科学中心

20 世纪出现的科学中心又被学者称为“现象之森”“牛顿百货商店”等，至今已有近半个世纪的历史。秉承奥本海默探索馆开放式的探索精神，科学中心旨在提升观众的发现意识，而非传递特定的科学内容。早期的科学中心以友好、自由的方式展示一个个孤立的现象。当代科学中心从去语境化的、基于现象的展品发展为更加综合的、以叙事为导向的主题展览，通过再语境化，完成沉浸式的再现。科学中心在迈入 21 世纪后，随着科学教育，特别是非正规教育理念的发展，也发生了重要的跨越式变革。

（1）STEM（science，technology，engineering，mathematics，科学、技术、工程和数学）及 STEAM（science，technology，engineering，arts，mathematics）教育。21 世纪第一个 10 年，世界范围内兴起了超学科教育理念，包括 STEM 教育和之后的 STEAM 教育走进科学中心，并迅速成为科学中心非正规教育的核心理念，打破了科学中心惯常的以单一学科为主题的展馆设计定式，并对科学中心教育活动的开发与设计产生了变革式的影响。例如，1987 年开放的弗吉尼亚航空航天中心是一家位于美国弗吉尼亚州汉普顿的博物馆和教育机构，也是 NASA（美国航空航天局）兰利空军基地的游客中心。该馆在 2020 年 11 月完成展厅更新改造后，在馆名中加入了“科学”二字，更名为弗吉尼亚航空航天科学中心。无论是展馆更新改造还是教育活动的开发，都以 STEM 教育理念为指导，这使该馆成为 STEM 科学中心实践的典范。

（2）创客文化。21 世纪第二个 10 年，创客文化风起云涌，强调在社会环境中边做边学的建构主义理念，重视以兴趣和自我实现为导向的非正规、网络化、众创性、共享化的学习过程，鼓励技术的创新和跨界应用。在创客文化冲击下，科学中心进一步将教育职能交到观众手中，由观众决定在科技馆中做什么、怎么做，解构了以往精心设计的、围绕特定互动展品开展的、具有既定学习目标的科技馆非正规科学教育，由此形成的探客教育模式给科学中心注入了新的活力。例如，由奥本海默开创的第一所科学中心、位于美国旧金山的探索馆在创客运动的风潮中再度成为弄潮儿，建立了探客工作室，观众受好奇心驱动，使用工作室的材料和工具，与驻馆艺术家、科学家和教育者交流、协作，开展探究和创造，成了创客文化及其影响下的探客教育在科学中心实践的典范。

（3）好奇心文化。21 世纪第二个 10 年中的“十四五”阶段，好奇心成了驱动科学中心向新的发展阶段演进的又一动力。这一阶段的科学中心可以主动建构基于其所展示的展项的文化，不断思索自身作为场所的存在，及其在观众与世界之间的定位。例如，2000 年建成开放的英国 At-Bristol 科学中心是一家公益性教育机构及互动展馆，在 2017 年完成了展馆理念的升级，更名为“我们是好奇的人”。好奇心不仅改变了该馆的名字，还重塑了该馆的愿景、使命与价值。在阐述这种重塑性变革时，该馆提出：“好奇心是驱动艺术和科学探究的引擎。我们生而具有好奇心。好奇心是美妙答案的种子，这些答案引发深度学习和全新发现。所以我们要鼓励每个人，持续发问、发声，构建我们共同的未来。作为一个公益性的教育机构，我们需要顺应我们周围世界的变化而演进，数字技术领域的变革改变了公众接触科学的方式，我们也需要为了每个人，更为大胆地迎接挑战。所以我们拥抱新的视野，建立一种好奇心的文化。”该馆将自身定位为一个面向所有人的思想场所，建构并传播独具特色的好奇心文化，由“让所有人接触到科学”向“建立好奇心文化”的展馆理念变化，成了好奇心影响下科学中心自我变革的典范。

综观科技馆的发展，可以看到，无论是历时性的演进，还是共时性的互化，都与好奇心紧密相连，而好奇心驱动下的当代科技馆及科学中心的三次变革又与科技创新密不可分：STEM 教育为科技创新消解了科学、技术和工程学科之间的藩篱，而 STEAM 在 STEM 基础上加入艺术，又扩充了创新的包容性，弥合了科学与艺术这两种人类共通的语言之间的断裂，将科学技术与艺术人文进行了融合，消除了创新过程中不同领域之间的壁垒，为创新构筑了完整而扎实的知识层。创客文化，特别是本土化的众创文化，突出的是实物创造的实用性结果，而好奇心文化进一步对创新追本溯源，摒弃功利主义的考量，将创新还原至最初的生发语境中。关于科技创新、科学普及与创新发展三者的关系，习近平总书记曾在 2016 年召开的“科技三会”上指出并强调：“科技创新与科学普及是实现创新发展的两翼，要把科学普及放在与科技创新同等重要的位置。”[17]当代科学中心的三次变革谱写了以科学普及推动科技创新、以场馆科学普及的创新发展为引擎驱动科技创新的新篇章。

三、好奇心驱动下当代科技馆的功能衍化

当代科技馆以科学普及为使命，兼具公众理解科学、科学传播、非正规教育等多重功能，这些功能相互交织，共同致力于让科学更加深入地融入社会，让每个人都能够了解必要的科学知识、掌握基本的科学方法、树立科学思想和崇尚科学精神，具有一定的应用它们处理实际问题、参与公共事务的能力，并构建世界、公众与科技馆三极之间的科普叙事元模式。由前文概述、分析的与好奇心相关的理论可知，好奇心是一种具有操演性（performativity）和生产性（productivity）的心理现象，好奇心可以促进行动力的增加，使个体开始变得有能力，这种特性使其具备由个体心理域向行为域，甚至现实域跃迁的动力。好奇心强调个体主动性的发现与探索，在好奇心理念的引导下，科学中心科学普及其三重功能也应发生相应的转向：由让公众理解科学向使公众参与科学转变，由向观众进行科学传播向使公众开展科学探索转变，由对公众进行非正规教育向使公众开展探究式学习转变（图2－4）。

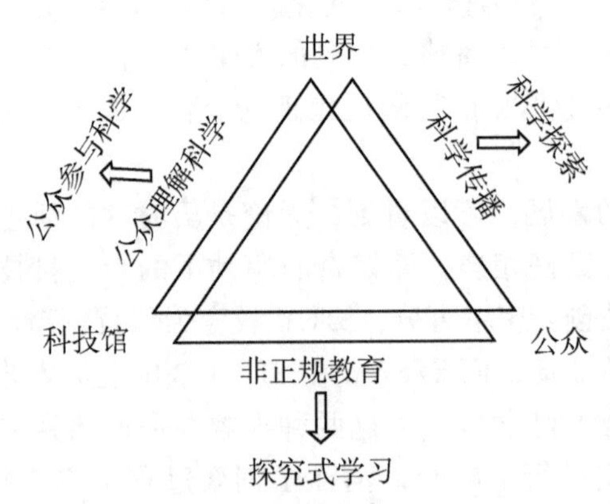

图2－4 好奇心重构当代科技馆场域中科学普及的三重维度

1. 公众理解科学向公众参与科学的转向

英国皇家学会将公众对科学理解定义为“不仅包括对科学实事的了解，

还包括对科学方法和科学之局限性的领会，以及对科学之实用价值和社会影响的正确评价”。[18]美国科学促进会将公众参与科学定义为“有意图、有意义的互动，为科学家与公众成员之间相互学习提供机会”。[19]公众理解科学向公众参与科学的转变不仅是当代科学普及模式的发展方向，更与科技馆的“场所”特性及其内部展项的“实物”特性相关。进入科技馆的公众，与这些空间和物体发生着实在的联系，公众由此转变为科技馆的受众或观众，对科学的参与切实地体现在好奇心驱使下的与展项的互动，这种互动式的参与有时甚至可以不以理解为基础，甚至先于理解而发生：在科技馆中，观众对科学的参与是具象化且具身化的，这种由好奇心驱动的互动式身体体验成为理解更为抽象的科学内容的前提。

2. 科学传播向科学探索的转向

美国国家科学、工程和医学研究院将科学传播定义为“交流关于科学的信息和观点以实现如下目标/目的，例如，促进更深入的科学和科学方法的理解，又或者对围绕争议性事件的多种公开观点和科学顾虑拥有更深刻的洞见”。[20]由科学传播向科学探索的转向首先体现为一种方向性的转变，不同于以往科学传播中信息由权威向公众的单向传输与流动，科学好奇心导向强调主体的能动性，这种能动性由信息差激发，基于格式塔心理或完形心理，主体自发地为寻求更多信息而开展探索（exploration），并暂时搁置对已有信息的使用（exploitation）。换言之，科学传播是通过主体由好奇心驱动的科学探索开展和实现的。由科学传播向科学探索功能的转变要求科技馆基于好奇心理论，特别是基于处理的好奇心理论（processing-based theories），把握所传播信息的量，以提供少量信息为最优原则，形成信息缺口，以最大限度地激发观众的科学好奇心，并使之导向科学探索。

3. 非正规教育向探究式学习的转向

美国非正规科学教育促进中心将非正规科学教育描述为“发生在正规教室以外的、多种设计环境和体验中的科学、技术、工程和数学（STEM）终身学习”。[19]与科学传播向科学探索的转向类似，这种非正规教育向探究式学习的转向首先体现为一种由自上而下向自下而上的方向性变革。关于好奇心的理论显示，对好奇心的解决可以激活学习结构，并驱动学习。作为典型的设计环境下的非正规教育场所，好奇心驱动下的科技馆为观众提供激发其好奇心的再语境化的科学现象，通过以问题为导向的展览设计、任务式的展教活动等设计环境，让观众开展以探究为核心和目标的基于问题的学习（problem-based learning）、基于项目的学习（project-based learning）等建立在自由思考基础上的科学学习，亲身经历像科学家那样进行科学探究的过程，体验科学学习的乐趣，形成短暂的对情境的注意力和兴趣，并逐步养成相对稳定的、有针对性的探究式学习兴趣，以此获取科学知识、领悟科学思想、学习科学方法。

四、结语

世界范围内科技馆的发展经历了自然历史博物馆、科学与工业博物馆和科学中心三个代际的演进，不同代与代之间的共生与互化使科技馆生态系统呈现出一派繁荣、多元的景象。伴随着科学教育、科技传播、科技文化乃至科技哲学领域的重要思潮，当代活跃在世界科技馆舞台的科学中心也发生着变革，近年来在建或竣工开放的科技馆甚至呈现出了较为明显的“未来馆”样貌，如德国的未来主义馆（Futurism）和迪拜的未来博物馆（Museum of the Future）。科学中心须把握时代的律动，跟随时代的跃动，与时俱进地进行展馆理念与概念定位的自我变革，永葆活力，砥砺前行，在瞬息万变的世界中实现自身的可持续发展。作为中国第一家以“科学中心”命名的科技馆，广东科学中心这个世界最大的科技馆，勇当时代的弄潮儿，在第一次的 STEM 教育和第二次的创客文化浪潮中，对自身的展教概念和定位进行了适时、适度的调整，走在了时代的前列。在“十四五”阶段好奇心文化带来的科学中心第三次变革中，我们要再次面向未来、拥抱变化，延拓场馆科普理论与实践的创新发展。让好奇心突破物理现象的藩篱，让我们对彼此、对进入场馆空间的观众产生好奇，对其超越我们设想的想法、感受及学习体验持开放的态度，以好奇的姿态，真正努力地去聆听、去理解、去服务、去建构，以好奇心为导向，驱动科学中心向面向未来的科技馆转型。

参考文献：

[1] CICERO. De finibus bonorum et malorum [M]. Trans. H. Rackham. Cambridge, MA: Harvard University Press, 1914.

[2] ARISTOTLE. Metaphysics [M]. Cambridge, MA: Harvard University Press, 1933.

[3] 史现明. 科学好奇心与想象力简论 [J]. 洛阳师范学院学报，2016，35 (12)：23 - 26.

[4] 萨顿. 科学史和新人文主义 [M]. 北京：华夏出版社，1959：20 - 21，

35.
[5] BIALIK M，BOGAN M，FADEL C，et al. Character education for the 21st century：what should students learn? 2018. Center for Curriculum Redesign. Boston，massachusetts. [EB/OL]. http://www.curriculumredesign.org/wp-content/uploads/CCR-CharacterEducation_FINAL_27Feb2015 – 1. pdf.
[6] 胡克祖. 好奇心的理论述评 [J]. 辽宁师范大学学报，2005 (6)：55 – 58.
[7] JAMES W. Talks to teachers on psychology；and to students on some of life's ideals [M]. New York：Henry Holt & Company，1899.
[8] SPIELBERGER C D，STARR L M. Curiosity and exploratory behavior. [C]//O' Neil Harold F. Jr. & Drillings，Michael Eds. Motivation：theory and research. Hillsdale，NJ：Lawrence Erlbaum Associates，1994：221 – 243.
[9] LOEWENSTEIN G. The psychology of curiosity：a review and reinterpretation [J]. Psychological bulletin，1994，116 (1)：75 – 98.
[10] HARLOW H F，HARLOW M K，MEYER D R. Learning motivated by a manipulation drive [J]. Journal of experimental psychology. 1950，40：228 – 234.
[11] BERLYNE D E. A theory of human curiosity [J]. British journal of psychology，1954，45 (3)：180 – 191.
[12] KIDD C，HAYDEN Y B. The psychology and neuroscience of curiosity [J]. Neuron，2015，88 (3)：449 – 460.
[13] DEMBER W N，EARL R W. Analysis of exploratory，manipulatory，and curiosity behaviors [J]. Psychological review，1957，64：91 – 96.
[14] KANG M J，HSU M，KRAJBICH I M，et al. The wick in the candle of learning epistemic curiosity activates reward circuitry and enhances memory [J]. Psychological science，2009，20 (8)：963 – 973.
[15] BONAWITZ E B，VAN SCHIJNDEL T，FRIEL D，et al. Balancing theories and evidence in children's exploration，explanations，and learning [J]. Cognitive psychology，2012，64 (4)：215 – 234.
[16] 李珍. 好奇心、创造性思维与科技创新 [N/OL]. 光明日报，2020 – 11 – 06. http://theory.people.com.cn/n1/2020/1106/c40531 – 31921018.html? from = singlemessage.
[17] 罗子欣. 把科普放在与科技创新同等重要的位置 [N/OL]. [2019 – 05

-30]. 光明日报. http://theory.people.com.cn/n1/2019/0530/c40531-31109953.html.

[18] 江晓原，刘兵. 什么是“公众理解科学”? [EB/OL]. [2007-09-15]. http://blog.sciencenet.cn/home.php? mod=space&uid=674&do=blog&id=7344.

[19] KIMMERLING P E. Breaking down silos between science engagement professionals [EB/OL]. [2020-02-12]. https://www.amacad.org/news/breaking-down-silos-between-science-engagement-professionals.

[20] National Academies of Sciences, Engineering, and Medicine. Communicating science effectively: a research agenda [R]. Washington: National Academies Press, 2017. https://doi.org/10.17226/23674.

第三节　新发展理念下科学中心科普展示的标准化

摘要：本节在梳理、分析国内外科普展示标准规范及科普行业相关专家、学者的研究与实践基础上，立足广东科学中心历年来在科普展示标准化方面的研究与实践，以习近平新时代中国特色社会主义思想中的新发展观为理论导向，尝试建立马克思主义中国化五大发展观视域下的新时代科学中心科普展示特征体系，即特色性、协同性、可持续、融合性、普惠性，简称 DCSCI 标准体系，旨在迈入“十四五”的新阶段，采用新发展观的新理念，促进科学中心科普展示标准化研究迈上新的台阶，勾勒“十四五”阶段科学中心科普展示的群像，推动新发展理念在科普领域落地生根，生成普遍实践。

关键词：新发展理念；科普展示；标准化；DCSCI 标准体系

一、引言

在科技馆中，通过展品、环境、辅助展示装置的设计和展品辅导等方式，使观众体验和关注其中的“现象”，并可将科学家们以科研为目的的科学探究实践转化为观众以学习为目的的科学探究实践。[1]笔者将科技馆展项定义为“现象叙事”，它是科技馆实现科普展示、科学教育、科技传播的物媒，是连接世界、策展人、观众与社会的界面，是科技馆最重要的科普展教资源，亦是科技馆的灵魂与精髓。长久以来，展项的研发、设计、制造与实施，由于包含大量策展人创意与灵感的抒发、表达，因而被视为一种非标准化的过程，相应地，科技馆的展项也被视为非标定制产品。但长期的非标化和定制化生产，也积累了很多问题，导致科技馆展项没有统一的行业标准，整体质量存在不稳定、易损坏等问题。为了解决科技馆展项行业标准缺乏、质量良莠不齐的问题，提高科技馆展项的稳定性和安全性，提升科技馆展项整体质量水平，亟须对科技馆展览建设进行标准化、规范化建设。

可以看到，国内外已有一些相关标准对科技馆展项建设进行了规范：国内有《科普资源分类与代码》《科普装备标准体系表》《科普展项及布展通用规范》，国外有国际标准化组织（ISO）、美国国家标准化委员会（ANSI）、美国史密森研究会（Smithsonian Insititution）等机构颁布的展项标准等，见表2－3。但须看到，这些标准的自洽性、应用度，具体在科技馆展项建设领域的适用度都有待验证与进一步提升，且科普展项标准的理论研究工作还比较欠缺。虽然各相关单位已经意识到标准化工作的重要性，但是对于如何建立标准、建立什么样的标准还不明晰，缺乏更加深入的理论研究。[2]

表2－3　国内外科普展示标准一览

国内				
国家标准				
序号	标准编号	标准名称		实施日期
	GB/T 32844—2016	科普资源分类与代码		2017－03－01
地方标准				
序号	标准编号	标准名称	地方	实施日期
1	DB34/T 1678—2012	科普装备标准体系表	安徽省	2012－09－09
2	DB44/T 1422. 1—2014	科普展项及布展通用规范 第1部分：展项设计	广东省	2015－02－10
3	DB44/T 1422. 2—2014	科普展项及布展通用规范 第2部分：展项制造	广东省	2015－02－10

续表

国内				
4	DB44/T 1422. 3—2014	科普展项及布展通用规范 第 3 部分：展项安装调试	广东省	2015 - 02 - 10
地方标准				
序号	标准编号	标准名称	地方	实施日期
5	DB44/T 1422. 4—2014	科普展项及布展通用规范 第 4 部分：展项验收	广东省	2015 - 02 - 10
6	DB44/T 1422. 5—2014	科普展项及布展通用规范 第 5 部分：布展设计	广东省	2015 - 02 - 10
7	DB44/T 1422. 6—2014	科普展项及布展通用规范 第 6 部分：布展施工及验收	广东省	2015 - 02 - 10
国外				
序号	标准		颁布机构	
1	ISO 25639 - 1：2008 Exhibitions，shows，fairs and conventions—Part 1. Vocabulary		国际标准化组织（ISO）	
2	ISO 25639 - 1：2008 Exhibitions，shows，fairs and conventions—Part 2. Measurement procedures for statistical purposes		国际标准化组织（ISO）	
3	ANSI/UL 2305：2003：Exhibition display units，fabrication and installations		美国国家标准化委员会（ANSI）	
4	Exhibition standards		美国史密森研究会（Smithsonian Institution）	
5	Smithsonian guidelines for accessible exhibition design		美国史密森研究会（Smithsonian Institution）	

在国内，关于科普展示的标准化研究主要集中和活跃在表 2 - 3 中制定和颁布相关标准的单位中，包括安徽省科普装备标准化技术委员会、全国科普服务标准化技术委员会、中国科技馆、广东科学中心等。最早关注到科普领域的标准化工作的是闫光亚和李小瓯，他们在 2004 年发表的《关于成立中国自然科学博物馆协会科普场馆标准化技术委员会的建议》是对科普领域标准化工作的最早论述。[3] 2006 年，李俊玲在《科技馆展品的质量标

准与控制》一文中在分析成功展品的基础上，认为科技馆展览展品质量的衡量标准应包括内容科学性、表现趣味性、安全可靠性、操作简捷性、耐用性。[4]2010 年，王洪鹏在《浅谈科技馆展品的评价标准》一文中从中国科技馆展览教育中心展厅一线工作人员的视角提出安全性、科学性、知识性、互动性、趣味性、运输和维修的适应性、经济性、协同性、创新性的展品质量评价原则。[5]2015 年，崔希栋等在《科普展品标准研究报告》中提出主题性、教育性、科学性、互动性、安全性、可靠性、维修性、经济性的科技馆展览展品设计一般原则。[2]2016 年，王恒在《科技馆展品的创新》一文中提出将安全性、可管理性、科学性、知识性、趣味性、参与性、创新性等角度评价科技馆展品创新。[6]同年，唐罡在《科技馆展品开发标准研究与思考》一文中归纳总结了科技馆展品必须具有科学性、安全性，应当具有趣味性、互动性的特点，致力于以此为基础，提供科技馆展品开发标准化的思路。[7]2018 年，冯帅将等在《科技馆科普展示装备标准体系构想及分析》一文中基于安徽省地方标准《科普装备标准体系表》的编制工作提出科技馆科普展示装备标准体系的科学性具体体现在体系的合理性、适用性、完整性、相关性、指导性、约束性、服务性、稳定性、动态性、前瞻性等特性。[8]

二、广东科学中心科普展示标准化建设

广东科学中心在科技馆科普展示标准化制定方面位于行业前列，早在2004 年底就组建展览标准制定小组，着手开展展览设计标准制定研究工作，从科普展示设计、制作的流程实践实际包含的各环节出发，围绕设计原则、初步设计及深化设计内容、设计通用要求、控制与管理、设计成果规范、设计交底六个方面进行了标准化研究。在设计原则方面，提出科学性、创新性、参与性、互动性、安全可靠性的展项设计原则：首要是科学性，因为科学中心是“普及科学知识、弘扬科学精神、传播科学思想和科学方法”的科普场馆，必须保证展览内容在科学上是准确无误的。其次是创新性，设计要坚持“人无我有、人有我新、人新我特”的原则，在展览内容和展览形式上进行大胆创新，突出特色。在观众体验方式上，强调展览的参与性和互动性，要能吸引观众的兴趣，鼓励观众亲身体验，这样才能体现出现代科学中心不同于博物馆和传统科技馆的魅力。在强调创新性和互动性的同时，设计始终要注意展项的安全可靠性，牢记观众安全第一，在设计时对展项内部结构、外部造型和机电设备选型上都要反复认真思量[9]。

2011 年，中国科协科普部设立了科普标准类研究项目 9 项，其中包括“科普展品标准研究”。该课题组的结题报告《科普展品标准报告》显示，截至 2015 年，经国内外检索，未发现有正式发布的跟科普展品直接相关的标准存在。同时该报告指出，在正在制定或修订的标准中，有一项标准与科普展品有关，即由全国会展业标准技术委员会立项，由广东科学中心、广东省标准化研究院共同起草，名为《科普展项通用技术规范展项设计规范》的标准。[2] 由此可见广东科学中心标准化研究的领先性。

上述标准最终命名为《科普展项及布展通用规范》，涵盖展项设计、展项制造、展项安装调试、展项验收、布展设计、布展施工及验收 6 项，于 2015 年 2 月 10 日颁布实施，为行业标准化和规范化提供了制度保障和技术支撑。该标准规范了展项设计、制造、安装流程，统一了材料和工艺标准，保证了产品质量及其稳定性；率先提出了针对科普展项的安全要求，衔接国内相关安全标准，提高了展品安全性，有利于减少和预防安全事故的发生；强调了对老、幼、残等特殊人群的关照，引入了节能环保等理念，体现了人性化的运用，具有一定的前瞻性和创新性。该标准在广东科学中心近年来开展的展项自主研发、展览更新改造、展览国内巡展等科普展览项目建设中得到了应用，并在粤港澳大湾区科技馆联盟和广州科普联盟会员单位中得到广泛采纳和借鉴应用。

但仍需看到，广东科学中心制定的《科普展项及布展通用规范》为地方性行业标准，该标准为推荐标准，非强制性标准，在行业内的使用范围有限。需进一步以该标准为蓝本，总结更新改造和创新展览项目建设的经验，进行理论凝练与提升，对标准进行修订和升级，或是联合行业内其他组织，制定行业国家统一标准，并转化为行业强制标准。只有这样，才能强化其在科普展览项目规范化建设中的实际指导作用，才能有利于其在行业内实际推广应用。

三、新发展理念视域下的科普展示标准

2015 年 10 月，习近平在中国共产党第十八届中央委员会第五次全体会议上提出关于“十三五”规划的建议，指出：实现“十三五”时期发展目标，必须牢固树立创新、协调、绿色、开放、共享的发展理念。这五大发展理念，是对在推动社会发展中获得的感性认识的升华，是对推动社会发展实践的理论总结，反映出党对我国发展规律的新认识，丰富并发展了当代中国马克思主义。2016 年 1 月，习近平在中共中央政治局第三十次集体

学习时强调：新发展理念就是指挥棒、红绿灯。2017 年 10 月 18 日，习近平强调要贯彻新发展理念，建设现代化经济体系。2018 年 3 月 11 日，第十三届全国人民代表大会第一次会议通过《中华人民共和国宪法修正案》，在“自力更生，艰苦奋斗”前增写“贯彻新发展理念”。可见，新发展理念是习近平新时代中国特色社会主义思想的重要内容。如今，在迈入全面建设社会主义现代化国家新征程的关键时期，科学把握新发展阶段、深入贯彻新发展理念、加快构建新发展格局已成了“十四五”规划的核心要义。

本节在梳理、分析国内外科普展示标准规范及科普行业相关专家、学者的研究与实践基础上，基于广东科学中心自 2004 年以来在科普展示标准化方面的研究与实践，以习近平新时代中国特色社会主义思想中的新发展观为理论导向，立足马克思主义视角，对创新、协调、绿色、开放、共享五大发展理念在马克思主义视域内追本溯源，对五大发展理念对应的马克思创新思想、马克思协调论、马克思主义生态观、马克思主义全球化、马克思主义大众化的国内外研究现状进行了综述性分析，并在此基础上对五大发展理念作为有机整体的研究现状进行了综述，提出五大发展理念是对马克思主义理论的传承与创新，是当代马克思主义中国化的产物。本节尝试建立马克思主义中国化五大发展观视域下的新时代科学中心科普展示特征体系（图 2－5），旨在勾勒“十四五”阶段科学中心科普展示的群像，推动新发展理念在科普领域落地生根，生成普遍实践。

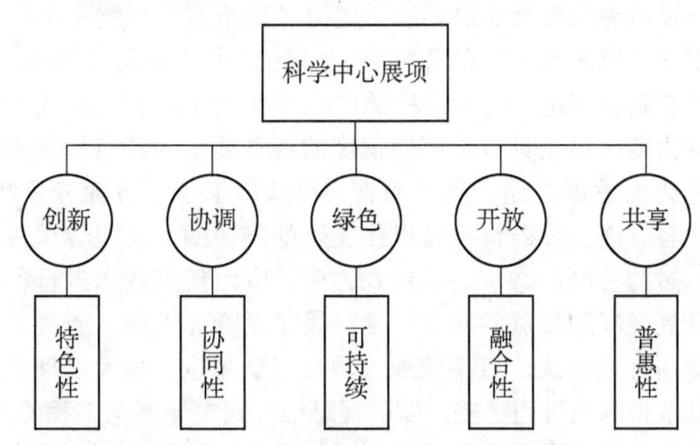

图 2－5　DCSCI 标准体系：新发展观五大发展理念下的科学中心展项属性

1. 创新发展论导向下的特色性（distinctiveness）

马克思在 19 世纪最早提出了创新思想，并认为创新在经济发展中处于核心地位。关于马克思创新思想在经济增长中的地位，英国的创新经济学家弗里曼有着非常明确的表述："只有19世纪的马克思和20世纪的熊彼特确实在其经济增长理论中将创新放在中心地位。"[10]当代西方著名经济学家保罗·斯威齐等学者认为，马克思最早提出了创新思想，而熊彼特对马克思创新思想进行了传承与发展。[11]熊彼特在《经济发展理论》中指出，自己的创新理论源于马克思的创新思想，属于马克思研究领域内的一个子范畴。[12]约翰·伊特韦尔等学者也指出，到了20世纪上半叶，著名经济学家中只有熊彼特一个人还在继承和发扬马克思创新思想。[13]

国内马克思主义研究者基于经济学范畴对马克思经典著作中关于创新的论述进行了研究。任力从技术创新类型论、主体论、动力论、规模论等层面分析了马克思的技术创新理论，认为熊彼特的技术创新思想可以在马克思的技术创新理论中找到对应点，但不及马克思的技术创新理论体系全面深刻；[14]汪澄清从创新主体、创新发展观、创新模式、创新目标、创新综合性、创新的理论空间与哲学基础等方面对马克思与熊彼特的创新思想进行了分析比较，认为创新理论源于马克思，熊彼特提出了较具体的创新理论，在某些方面拓展了马克思的创新思想，但在哲学高度上，不及马克思理论空间广阔；[15]徐则荣从创新在资本主义经济发展过程中的作用、企业家创新的动机、影响创新的因素等方面论述了马克思与熊彼特创新思想的异同；[16]陈小玉等学者对马克思《资本论》中所包含的技术创新与制度创新思想进行了分析；牟焕森则论述了马克思持续技术创新思想。[17]庞元正认为需从哲学高度对创新概念加以界定，建构"创新实践唯物主义"是时代发展的必然要求，也是当今马克思主义哲学理论工作者的历史使命。[18]

在上述创新发展论导向下，科学中心展项应在内容、形式及管理等维度加大创新力度，形成具有足够辨识度的科普展示的特色性，走出一条品牌化和特色化的发展之路。具体而言，可从以下三个方面开展相关实践：①在展示内容方面，突破科技馆以往主题的舒适圈，大胆尝试科技馆较少或从未展示过的主题；②在展示形式方面，应用新兴技术进行科普展示形式创新，开展展项和展览的自主研发；③在展览（工程）管理方面，可突破以往的惯用管理模式，启用策展人项目团队制度，加大策展人、团队对展示创意和效果的全过程把控，以工程思维模式主导展览工程的具体实施。广东科学中心应依托广东省科普展项创意设计工程技术研发中心，研究探索科学精神、科学知识、科学思想和方法、科技创新成果等科学内容的科普化，实现科普原始创新，全面提升自主创新能力。

2. 协调论导向下的协同性（collaborativity）

"协调"一词在马克思的著作中大量使用，马克思从四个方面来使用

“协调”一词。一是调和、和谐，与斗争、矛盾相对。马克思在《形态》中指出：“自然，在这样的社会结构中也有一些不合逻辑的地方。例如，同序言中叙述过的协调相反，这里不得不承认自然界中的斗争。”[19]这里讲到了自然的协调和斗争方面，协调就是指自然、社会、个人彼此融洽的一方面，斗争是与协调向对立的一种状态，是一些“不合逻辑的地方”。二是配合得当。马克思在论述如何消灭现代工业的矛盾等时指出：“只有按照统一的总计划协调地安排自己的生产力的那种社会，才能允许工业按照最适合它自己的发展和其他生产要素的保持或发展的原则分布于全国。”[20]这里提出消灭工业矛盾和新的恶性循环的协调，就是在配合得当的层面来加以使用的。三是和谐一致。马克思也经常在和谐一致的层面上使用协调，如在谈到康德的《实践理性批判》时，马克思指出：“康德只谈‘善良意志’，哪怕这个善良意志毫无效果他也心安理得，他把这个善良意志的实现及它与个人的需要和欲望之间的协调都推到彼岸世界。”[21]四是既能表现自己又能容忍别人。马克思在《中央委员会告共产主义者同盟书》中指出：“目前，在民主主义小资产者到处都受压迫的时候，他们一般地都向无产阶级宣传团结和协调……”[22]这里民主主义小资产者所宣传的协调指既能表现自己又能容忍别人，在马克思看来，这种协调只是“社会民主主义空话”，难掩其“特殊利益”的本质。

对什么是协调，目前国内有以下六种看法：①指在事物的关系中，有关各方处于既能表现自己，又能容忍对方的合作承受过程。[23]②协调是事物处于动态平衡的一种相互关系和状态，是系统的一种稳态，也是一切事物所固有的一种属性和基本形式。[24]③机制，源于希腊文“mechane”，意指机器、机构、机械，即人们制造的，供自己使用以达到预期目的的工具和手段。[25]④协调指的是事物内部各组成部分及事物之间的协同、和谐、适应的关系，且协调以结构协调、功能协调和数字比例协调这三种基本形式促进事物发展。[26]⑤协调是协调主体有目的、有控制并与目的性一致的整体行为。[27]⑥协调指事物处于某种有序和自组织状态，其系统内部各个组成部分之间及系统与环境之间普遍存在的相互配合、相互促进、相得益彰的运动机制和功能状态。[28]

对社会协调的理解存在很大的分歧，对它的定义也是各有侧重、观点迥异。以下两种比较有代表性：①从社会系统的观点出发，社会协调是指在一个社会系统中，各要素之间或子系统之间，当有关各方进行交往并相互行动时，在统一的目标引导下，各方功能得到充分发挥，并促成统一目标的最优化的实现。[29]②社会协调作为哲学范畴，其内涵可界定为：是社会主体为了达到社会和谐目标对社会活动进行有目的规划、管理、调控的过程；是以人类社会生存、发展、幸福等作为价值尺度衡量的，社会事物各个方面相互配合、适应、结构完整、功能优化、和谐一致的存在状态。社会协调是一种多样性的有序统一，是一种适度的比例关系，它表现为对人类社会而言的安宁、平衡、秩序、持久稳定、融洽、合和等生存状态。[30]

在上述协调发展论导向下，科学中心展项在自主创新的同时，还要走出一条社会化的协同发展之路。开拓和加强馆政、馆企、馆校等社会化协同发展建设模式。具体而言，可通过以下三个方面开展相关实践：①通过馆政合作，进行科技成果展示，加强与政府部门的合作，承接科技部门成果展示任务，面向广大公众，开展全省最新科技创新成果科普宣传与推广；进行政府科普宣传，利用馆政合作成功案例的示范效应，对接政府政策宣传及科普教育，承接政府不同部门的科普宣传合作建设项目。②通过馆企合作，联合企业合作建馆，拓宽与企业合作的渠道，深化馆企合作，开发企业专题科普展览、展馆；进行技术成果推广应用，与展项制造企业合作，实现具有自主知识产权的展项精品在馆际的推广应用。③通过馆校合作，实施馆校合作战略，实现高校科研成果的科普转化，以及联合开发科普展览和教育活动。

3. 绿色发展论导向下的可持续（sustainability）

马克思主义关于绿色发展理念的论述主要集中在马克思主义生态观研究中。最早对马克思、恩格斯的自然观进行研究的是早期西方马克思主义的卢卡奇，他坚持了唯物史观的立场，在《历史与阶级意识》一书中提出了“自然是一个社会范畴”。[31]施密特的《马克思的自然概念》是第一部专门研究马克思自然观的著作。在此书中，施密特在批评卢卡奇“用社会吞噬自然”时，提出了具有自然辩证法特征的自然与社会互为中介的思想。自然为社会所中介是指自然作为人类活动物质资料的来源，具有外在的客观性，但只有将人类的社会实践作为中介，才与人发生关系，才具有意义；社会为自然所中介是指“人的各种目的通过自然过程的中介才得到实现”。[32]霍克海默在《批判理论》一书中，也从思维主体和认识方式等方面，强调了自然和社会的相互渗透和作用，“我们在周围知觉到的对象——城市、村庄、田野、森林都带有人的产品的痕迹”。[33]佩珀也认为自然已经被“它自身一个方面——人类社会所重塑和重释”。[34]福斯特从马克思的自然观出发，通过偶然与必然、自然与自由、斗争与协作及人与环境、技术、劳动等范畴，系统分析了自然的概念，认为人类只有在认识自然规律并承认自然先在的物质性的前提下运用自己的自由。[35]普列汉诺夫在坚持地理环境社会历史性的同时，还系统论证了地理环境通过社会基本矛盾运动对社会历史发展产生作用的机制，并对环境决定论进行了批判。[36]布哈林则以马克思主义辩证法为指导，提出了社会与自然关系的辩证平衡论，认为在自然界内部、人类社会内部、自然和人类社会之间都存在着一种辩证的平衡关系。[37]霍华德·帕森斯认为马克思、恩格斯有着明显的生态学思想，并在其编写的《马克思和恩格斯论生态学》一书中，从人与自然的辩证关系角度明确反对把马克思思想理解为人类中心主义。[38]

从20世纪80年代开始，国内学者主要在生态伦理学和马克思主义生态思想两个方面进行研究。在生态伦理学这条主线上，1991年余谋昌教授出版专著《生态学哲学》和1992年刘湘溶教授出版国内第一部研究生态伦理的《生态伦理学》之后近20年时间内，国内生态伦理学研究取得巨大进展。孙道进在《环境伦理学的哲学困境：一个反驳》一书中从哲学的本体论、认识论、方法论、价值论四个方面对环境伦理学的人类中心主义和非人类中心主义两大流派理论进行了系统梳理和分析，从马克思主义哲学的视角对环境伦理学进行了系统分析。[39]目前，国内学界对马克思主义生态思想的研究已经成为理论的热点。在马克思主义生态思想研究这条主线上，自王瑾教授将生态学马克思主义介绍到国内以来，[40]国内学界以经典作家的文本为依据，借鉴和吸收西方生态学理论，从马克思主义自然观、马克思主义生态学、马克思主义生态观的主要内容与发展脉络、马克思主义生态观的当代意义等方面进行了研究。

在上述绿色发展论导向下，科学中心展项应走出一条与生态环境相协调的可持续发展之路。在展馆建设中，广东科学中心与自然环境的和谐性体不仅体现在“绿色家园”“低碳 & 新能源汽车体验馆”等绿色主题展馆、展览建设中，还体现在户外环境的科普展示中。具体而言，可通过以下三个方面开展相关实践：①充分利用室外场地，实现绿色科普资源展示，挖掘室外场地的空间优势，开发室外展品，开展户外特色科普教育活动，将其打造成为省内重要的户外科普教育基地，实现中心绿色科普教育资源展示。②全面提升服务标准，擦亮5A级旅游景区品牌，对标国家5A旅游景区等级评定体系，全面提升科学中心在接待能力、旅游设施、交通配套、餐饮服务等方面的质量，维续5A级旅游景区资质，不断提升其综合吸引力和品牌认知度。③可持续发展要求在展馆建设中建立场馆常态化更新改造机制，不断推出高水平临展，打造科学中心品牌，聚焦社会热点和科技进步，定期推出临展。将内涵丰富、具有全互动体验特色的原创临展资源辐射粤港澳大湾区乃至国内外，在临展研发方面成为领先全国的品牌。

4. 开放发展论导向下的融合性（cross-boundary）

对开放发展理念的论述主要集中在马克思主义全球化研究中。“对外开放”在经济学史上早有人论述过，最早认识这个问题并深入论述过的是英国资产阶级古典经济学家亚当·斯密和大卫·李嘉图。他们认为：“在商业完全自由的制度下，各国都必然把它的资产和劳动用在最有利于本国的用途上——由于增加生产总额，它使人们都得到了好处，并以利害关系和互相交往开放的共同纽带把文明世界各个民族结合成一个统一的社会。”[41]李嘉图提出的这个因民族结合而成的“统一社会”就是一个完全对外开放的最早社会模式。但是李嘉图这种“开放”思想具有严重的缺陷，其最大的缺陷就是忽视了人类社会的现实性。由于各个地区、各个民族、各个国家的发展情况不同，这种理想的“商业完全自由的制度”是极难实现的，而且由于各自发展的基础和起点不同，人们在这种开放中获得的利益也不尽相同，现实中就有强者更强、弱者更弱的两极分化现象。因此，李嘉图提出的由于“对外开放”最终会形成一个“统一的社会”只是一种理想社会模式。这种理想模式为资本主义在全世界的扩张提供了一种理论依据。

实际上，“开放”一词在马克思经典著作中极少出现。马克思从来没有对“开放理论”这一概念做过明确的界定。但笔者认为在马克思主义哲学体系中，尤其在历史唯物主义的创造过程中，马克思关于“开放”问题及对“开放”的认识，由于各自的表述方式，论题领域与目的不尽相同而存在零散不系统的现象。有许多不同的表达方式，这些论述散见于其众多的著作之中。只需稍加挖掘或者转换，就会发现马克思通过大量的“交往”“世界历史”“跨越卡夫丁峡谷”等字眼，体现出其对人类“开放”进程和规律的认识由浅入深。由此可见，马克思是社会主义开放理论的奠基人。开放理论在马克思哲学体系中，尤其在历史唯物主义的体系中具有十分重要的地位。从一定意义上看，马克思开放理论就是一个广义的全方位的概念。它包括世界各种类型的国家经济、政治、文化、科技等广泛密切的交往与联系。它的核心内容不仅关于资本主义国家之间的开放交往，而且还特别论述了东方社会，如俄国，怎样通过开放参与国际分工，在世界历史体系中吸收资本主义文明，“跨越资本主义卡夫丁峡谷”发展自己。正确把握马克思本人对“开放”含义的理解，梳理其散见于经典著作中的开放观，秉承经典著作中有关开放的基本精神，在当今全球化背景下，有助于我们全面、正确地把握马克思开放理论的基本内涵。

在上述开放发展论导向下，科学中心展项应包容科学与人文、国内与国外、历时与共时等多对元素，并实现每对元素内部二元对立要素的融通，以及多对元素之间的贯通，实现跨域整合与越界融合发展。具体而言，可通过以下三个方面开展相应实践：①加强科技与人文融合，创建国家文化和科技融合示范基地。以文化为核心，以科技为支撑，打造国家文化和科技融合示范基地。汇聚和融合文化科技资源，提升科普展示的人文价值，重塑科普内容和表达方式；通过科学与艺术的融合，提高科普的文化艺术品位；建设科技馆文创开发体系，开发形式多样的科技文创产品。②增进不同文化背景下的科普工作者在科普创作中的合作和交流，主动借鉴国外科普先进理念，丰富中国科普内涵，重视增进不同文化之间的理解，以求美美与共，在学习借鉴国际同行宝贵经验的同时，积极开展交流合作，通过科普增进文明互鉴。这也是科普伦理中“坚持开放发展的视野，增进国际交流”的要求。[42]③开展历时与共时交织的复合式展示叙事，以史为鉴、面向未来，积极融合自然历史博物馆、科学与工业博物馆等先于科学中心出现的科技馆形态在展教方面的优势特征及重要理念，做到不同形态的科学中心之间的互鉴与共生。

5. 共享发展论导向下的普惠性（inclusiveness）

对共享发展理念的论述主要集中在马克思主义大众化研究中。彼埃尔是最早研究艾思奇的外国学者，其在代表作《中国哲学 50 年（1898—1948）》中对艾思奇的观点非常赞同。Tsao Ignatius 在其作品《艾思奇——中国共产主义的倡导者》和《艾思奇的哲学》中对艾思奇的言论都有评论。德国人沃纳·麦思纳的《哲学与政治在中国——三十年代关于唯物辩证法的论战》、美国人乔舒亚·福格尔的《艾思奇对中国马克思主义发展的贡献》及美国人泰瑞·博登霍恩的长篇论文《艾思奇和重新构建 1935 年前后的中国身份》都有相应的介绍。他们对中国的马克思主义哲学大众化做了相关研究：其一是哲学大众化在中国的起源与发展，其二是中国学者的观点及他们的理论和苏联哲学界的异同。

自马克思主义哲学传入中国以来，如何推进马克思主义哲学大众化一直是我国学者所探讨的热议话题。关于马克思主义哲学大众化的起源，很多学者把艾思奇看成马克思主义哲学大众化的开创者，艾思奇的《大众哲学》将马克思主义哲学基本原理用通俗化的语言加以概括，具有时代意义。关于马克思主义哲学大众化的内涵，黄明理先生认为马克思主义哲学大众化不应当仅仅注重学说的翻译和通俗转化，还应该从深层次理解哲学本身的意义。[43]尚庆飞则认为，马克思主义哲学大众化从属于马克思主义大众化，是对哲学家思考的高深哲学内涵具体化、横向推广的过程。[44]郭建宁认为，马克思主义哲学大众化是其本身的客观需要，因为马克思主义哲学是一个以实践为基础的哲学，大众化是其发展的指定方向。[45]早在20世纪20年代，李达、胡绳、艾思奇等人在中国发起了马克思主义通俗化、大众化的活动。就我国现阶段来说，马克思主义哲学具有民族化、大众化、科学化的特质。

在上述共享发展论导向下，科学中心展项应突出大众化的特点，积极探索科普资源的普惠性建设模式，实现科普资源的均等化。具体而言，可在以下三个方面开展科普展示的大众化实践：①展项众创（co-curation）：鼓励观众像工程师一样，参与到科学中心的展项开发中。以展项前置性、形成性、总结性评量等形式为切入点，实际参与到科学中心展项研发的概念设计、初步设计甚至深化设计等设计环节中来，与策展人一起开展头脑风暴、贡献创意，并通过自己对具体展示设计的体验帮助策展人不断改进、调整展示方案。②展项众包（crowd-sourcing）：鼓励观众像科学家一样，动手参与科普展览项目研究，承担自己力所能及的策展研究工作。例如，观众可开展展览研发中的部分收集、分类、记录或分析工作，真正成为展览研发团队中的成员。③展项众享（crowd-sharing）：以“一个都不能少”的公众参与式科学普及为目标，注重公众群体的多样性，使科学中心的科普展教资源在不同年龄、性别、地域等公众中实现均等化传播与普及，增加科学中心科普展示的可及性，在策展中摒弃各种偏见与歧视的先念，将去年龄化、去性别化、去地域化等观念根植在展览研发的全生命周期中。

四、结语

综上所述，中国特色社会主义新发展观的创新、协调、绿色、开放、共享五大发展理念，体现了生产力与生产关系的统一、自然与社会的统一、长远利益与当前利益的统一，内容全面丰富完整，在新的历史条件下，就什么是发展、为什么发展、怎样发展，发展为了谁、发展依靠谁、发展成果由谁享有等重大问题进行了富有创造性的探索，提出了一系列新的观点。相关学者给予五大理念“发展了当代中国马克思主义政治经济学，是马克思主义发展观的重大理论创新”等高度评价。通过对与五大发展理念对应的马克思创新思想、马克思协调论、马克思主义生态观、马克思主义全球化、马克思主义大众化的国内外研究现状进行综述性分析，可以看到，五大发展理念是对马克思主义理论的传承与创新，是当代马克思主义中国化的产物，已成为指导社会方方面面发展实践的一以贯之的指导思想。

以习近平新时代中国特色社会主义思想中的新发展观为理论导向，基于广东科学中心自2004年以来在科普展示标准化方面的研究与实践，本节尝试建立了马克思主义中国化五大发展观视域下的新时代科学中心科普展示特征体系，即特色性、协同性、可持续、融合性、普惠性（简称DCSCI）标准体系，并具体分析了在该体系框架中适宜并应当开展的科学中心科普展示实践，包括特色性标准（distinctiveness）下展览的内容、形式、管理创新，协同性标准（collaborativity）下展览的馆政、馆企、馆校共建模式，可持续标准（sustainability）下的展览绿色主题、绿色资源的开发及展览更新常态化，融合性标准（cross-boundary）下展览对科学与人文、国内与国外、历时与共时等异质领域的融会贯通，普惠性标准（inclusiveness）下的展览众创、众包、众享等，旨在在“十四五”新阶段，采用新发展观的新理念，推动科学中心科普展示标准化研究迈上新的台阶。

参考文献：

[1] 朱幼文. 教育学、传播学视角下的展览研究与设计：兼论科技博物馆展览设计创新的方向与思路 [J]. 博物院，2017（6）：70－80.

[2] 崔希栋，唐罡，胡滨，等. 科普展品标准研究报告 [M]//束为. 科技馆研究报告集（2006—2015）：下册. 北京：科学普及出版社，2017：16.

[3] 阎光亚，李小瓯. 关于成立中国自然科学博物馆协会科普场馆标准化技术委员会的建议 [C]//中国自然科学博物馆协会. 2004年科技馆学术年会论文选编，2004：5.

[4] 李俊玲. 科技馆展品的质量标准与控制 [J]. 大众标准化，2006（S1）：32－34.

[5] 王洪鹏. 浅谈科技馆展品的评价标准 [J]. 科普研究，2011，6（5）：65－70.

[6] 王恒. 科技馆展品的创新 [C]//中国科学技术馆. 科技馆研究文选（2006—2015），2016：4.

[7] 唐罡. 科技馆展品开发标准研究与思考 [J]. 中国标准化，2016（2）：71－74.

[8] 冯帅将，黄亚平，李小瓯，等. 科技馆科普展示装备标准体系构想及分析 [J]. 自然科学博物馆研究，2018，3（3）：77－84.

[9] 李智强. 科学中心展览设计标准的研究 [J]. 科技创新导报，2010（15）：7－8.

[10] FREEMAN C，SOETE L. The economics of industrial innovation [M].

Cambridge: The MIT Press, 1997.
[11] 斯威齐. 资本主义发展的理论（英文版）[M]. 纽约：牛津大学出版社，1942：94-95.
[12] 熊彼特. 经济发展理论 [M]. 北京：商务印书馆，2000：68.
[13] 伊特韦尔. 新帕尔格雷夫经济学大辞典：第2卷 [M]. 北京：经济科学出版社，1996：925.
[14] 任力. 马克思对技术创新理论的贡献 [J]. 当代经济研究，2007（7）：16-20.
[15] 汪澄清. 马克思与熊彼特创新思想之比较 [J]. 马克思主义与现实，2001（3）：42-47.
[16] 徐则荣. 创新理论大师熊彼特经济思想研究 [M]. 北京：首都经济贸易大学出版社，2006.
[17] 牟焕森. 马克思技术哲学思想的国际反响 [M]. 沈阳：东北大学出版社，2003：12-16.
[18] 庞元正. 从创新理论到创新实践唯物主义 [J]. 中共中央党校学报，2006（6）：18-23.
[19] 马克思，恩格斯. 马克思恩格斯全集：第3卷 [M]. 北京：人民出版社，1960：562.
[20] 马克思，恩格斯. 马克思恩格斯全集：第20卷 [M]. 北京：人民出版社，1971：320.
[21] 马克思，恩格斯. 马克思恩格斯全集：第3卷 [M]. 北京：人民出版社，1960：211-212.
[22] 马克思，恩格斯. 马克思恩格斯全集：第7卷 [M]. 北京：人民出版社，1959：293.
[23] 韩明谟. 社会系统协调论：关于社会发展机理的研究 [M]. 天津：天津人民出版社，2002：201.
[24] 王之璋. 协调论 [M]. 上海：上海社会科学出版社，1991：72.
[25] 罗川山，韩燕. 论协调机制与社会主义初级阶段的改革实践问题 [J]. 惠州学院学报（社会科学版），2007，27（2）：8-12.
[26] 宋周尧. 论协调是事物发展的一种基本状态 [J]. 贵州社会科学，1987（4）：5-11，16.
[27] 吴鹏. 论协调与协调发展 [J]. 学习与探索，1992（3）：34-39.
[28] 张中瑞. 论协调 [J]. 理论探索，1987（1）：17-23.
[29] 王之璋. 协调论 [M]. 上海：上海社会科学出版社，1991：201.

[30] 张宏. 哲学层面上的社会协调观 [J]. 烟台大学学报（哲学社会科学版），1994 (3)：3-8.
[31] 卢卡奇. 历史与阶级意识 [M]. 北京：商务印书馆，1999：210.
[32] 施密特. 马克思的自然观念 [M]. 北京：商务印书馆，1988：23，59.
[33] 霍克海默. 批判理论 [M]. 重庆：重庆出版社，1989：192.
[34] 佩珀. 生态社会主义：从深层生态学到社会正义 [M]. 济南：山东大学出版社，2005：164，355.
[35] 福斯特. 马克思的生态学：唯物主义与自然 [M]. 北京：高等教育出版社，2006.
[36] 普列汉诺夫. 普列汉诺夫哲学著作选集：第3卷 [M]. 北京：生活·读书·新知三联书店，1962：170.
[37] 布哈林. 历史唯物主义理论 [M]. 北京：东方出版社，1988：82.
[38] PARSONS H L. Marx and Engels on ecology [M]. New York：Greenwood Press，1977：50.
[39] 孙道进. 环境伦理学的哲学困境 [M]. 北京：中国社会科学出版社，2007.
[40] 王瑾. “生态学马克思主义”与“生态社会主义”：评介绿色运动引发的两种思潮 [J]. 教学与研究，1986 (6)：41-46.
[41] 李嘉图. 政治经济学及赋税原理 [M]. 北京：商务印书馆，1976：113.
[42] 中国自然科学博物馆学会、中国科普作家协会等单位联合发布《科普伦理倡议书》[EB/OL]. [2020-09-25]. 腾讯网. https://new.qq.com/rain/a/20200925A012E000.
[43] 刘维兰，黄明理. 马克思主义大众化之“文化化” [J]. 教育文化论坛，2013 (5)：131.
[44] 尚庆飞. 从马克思主义“民族化”到中国化马克思主义的民族特色 [J]. 南京社会科学，2012 (1)：54-60.
[45] 郭建宁. 把握马克思主义的真精神 [J]. 人民论坛，2013 (25)：40-41.

第四节　智慧城市背景下基于信息化平台的智慧科学中心建设

摘要： 科技创新作为推动社会进步的主要动力，在各个领域深刻改变了各行业的形态和发展模式。在全球智慧城市迅猛发展的背景下，随着“互联网＋”创新驱动理念的深入实践，科技馆在宏观上运用和融入智慧城市发展理念和技术，在微观上运用新一代信息技术革命成果解决发展痛点和天花板问题，已然成为科技馆行业的共识的重要实践。在分析智慧城市发展的背景和主要理念基础上，通过简要概括博物馆在智慧场馆建设方面的差异性，简要概括建设智慧科技馆将解决的关键问题，以及主要建设内容、取得成效，为科技馆建设智慧场馆提供思考。

关键词： 智慧；互联网＋；智慧场馆；科技馆；信息化

一、智慧城市背景下的智慧科普场馆建设

1. 智慧化概念的提出

在新一代信息技术高速发展推动下，以物联网、大数据、云计算、智能技术为支撑的新型技术平台和产业模式的不断涌现，人类正式步入新的信息时代，迎来了更多的机遇和挑战。我国从 20 世纪 90 年代开始，进行了一系列信息化建设，提出了“数字化”“智能化”“智慧化”的概念，在具体行业应用中涌现了许多创新实践，其中具有较高借鉴意义的领域之一就是城市管理，出现了诸如“数字城市”“智能城市”“智慧城市”等工程实践。

2008 年 11 月，IBM 首席执行官彭明盛在美国中抛出了 IBM 的“智慧星球”计划，该计划中的一个项目叫作“更智慧的城市”。该项目核心以新一代信息技术为基础，围绕社会形态和创新技术，提出升级版的知识社会创新框架理论，为各国城市发展提供了有效的创新工具。“智慧城市”概念一

经提出，很快就在许多城市得到了成功验证，这充分证明了技术的可行性和方法的有效性。这一理念的提出正好解决了大城市普遍存在的关于城市发展困境、大城市病等诸多现实瓶颈问题的困境，为科技创新和城市管理提升提供了一种新的可持续创新思路。智慧城市的核心理念就是顶层思维，强调在构建相关管理架构的同时，将所在管理系本身作为一个生态系统，以人为本，以物为链，以网为本，以数据为根，把城市中的人、物、数据进行高度整合、联系，以数据流、业务流为联系，创造一种具有较高集约度的新的管理能力和模式，这从方法论上突破了传统城市管理系统门户林立、互为孤岛的瓶颈。[1]

智慧城市是信息技术革命发展到一定阶段的必然产物，催生了“互联网+”。近十年移动互联网和数字化技术的发展沉淀，智慧城市的提出与发展，让社会各界看到了信息化革命带来的巨大改革福利，因而在信息技术正在加速爬升、快速革新的关键阶段，重新审视这一轮技术革命带来的巨大影响，尤其重视信息技术突破了行业边界带来的跨界融合的革命性突破。人们在关注这个革命性突破的同时，将关注点放在了背后隐藏的更大机遇，在技术不断积累、突破、创新，商业业态和行业模式不断被颠覆和革新的环境下，是否存在量变引发质变的可能和潜力，成了管理者和科技人员聚焦的重点。“互联网+”应运而生。这使每一个细分领域的传统行业在互联网推动下再次发挥强大发展潜力，从而引发行业的深刻改变。互联网诞生后，也进一步推动了知识的二次创造和影响力提升。

随着以大数据、物联网等新一代信息技术开始受到广泛关注，在智慧城市与“互联网+”热潮的共同推动下，各行各业都积极启动了信息化建设工作，试图通过融合和应用新一代信息技术来重塑业务流程和数据管理模式，突破发展瓶颈和解决现实管理难题。其中，博物馆和科技馆等也积极引入新一代信息技术，试图借助新一代信息技术对展馆运行和管理进行创新，力求信息技术对服务对象、管理者进行科学、深度、量化研究，实现从数字化到自动化、智能化及智慧化的转变。一方面通过服务对象的交互式感知和回馈服务，提升管理者和服务对象的认知深度和广度，另一方面通过利用数据科学的做法，对管理链条的各个环节进行整合、跟踪和利用，整合服务和管理的关键联系，实现服务链条和管理流程的全面融合，消除管理边界和服务边界，创造人和环境、管理和服务融合共赢，相互促进、培育、优化的共生环境。这类型的创新实践被称为“智慧场馆”，在具体细分行业中则有“智慧博物馆”“智慧科技馆”等说法。

2. 智慧场馆的相关概念与理念

目前，国内许多博物馆，尤其是省会城市以上的博物馆，都在信息化方面进行了探索和实践，建设“智慧博物馆”成了许多博物馆寻求加速创新发展的重要抓手。在国家政策层面，中国科技部、中国科学技术协会等政府主管部门都出台了相关的引导和鼓励政策，在文博行业开展了许多试点工作。随着“智慧场馆”建设的深入和全面推广，全国各地不断成功涌现创新成果，备受社会和行业关注。在此环境下，科技馆作为科普行业的重要组成部分，凭借对科技的高度灵敏性，也在智慧场馆方面开始了大胆的创新实践，积极开展和探索建设以数据为支撑的智慧场馆建设路径。值得一提的是，科普场馆行业与信息技术发展的节奏是基本一致的，在我国，较早就有了数字博物馆、数字科技馆一说，并且在运用互联网、数据多媒体等方面有大量的实践。有效结合新一代信息技术后，通过融合大数据、物联网、智能技术等新一代信息技术，科普场馆获得了更加科学和较强实操性的感知、分析、监测能力。通过建设智慧场馆，对科普场馆从内到外、从上到下、从管理到服务进行流程重塑和数据流改造，系统性地把管理和服务的边界打通，建立一个具有技术可行、管理可用、服务更好的闭环式管理体系和信息系统，从而全面提升服务质量、管理水平、研发和教育能力。

与上一轮数字场馆相比，新一轮信息技术革命推动下的智慧场馆的概念和实施路径都有显著差异。数字科技馆强调的是通过互联网数字化和互联网虚拟传播的做法，将线下资源通过多媒体、动画、动漫、视频等方式进行二次加工或仿制，或者运用科技馆展览研发的思维，结合互联网的做法创造适于互联网传播的线上数字科普教育资源，通过互联网的方式获得更大范围的传播。这是一个变换内容形式和载体，转换传播渠道和方式方法后的渠道的延伸和拓展。[2] 相比而言，数字场馆是一个 2D 维度的科普资源的放大，而智慧场馆则是突破内容维度，进入一个对综合人、物、数据进行全面系统规划、融合、集成的 3D 管理维度。两者之间有着两个显著的区别。一是对过程内容和输出结果的聚焦点不同。在数字场馆阶段，人们聚焦的重点是线上资源的创作和线上保存、传播和管理，数字化内容是整个工作的核心和重点，所有的顶层规划、落地实施都围绕内容而展开。在智慧场馆阶段，传统意义上的数字已经不能满足信息技术的需求，数字的概念已经被数据所替代。数据化不是简单地由实体向数据的形式转变，而是突破了数字场馆的概念，以大数据处理为靶向，以智能化处理结果为导向的数据开发工程，是一个复杂的系统化工程。总体而言，数字化和数据化的对象不同，本身的作用也不同，两者之间虽然有交集，但是由于开展数字化和数据化的潜在逻辑不一样，因此，简单进行数字化加法不能等同于数据化。数字化强调的是覆盖面的全面性，而数据化关注的数据深度和联系性。数据的深度和联系性决定了数据规模（即数据面）的大小和方向，也就是说，智慧场馆的数据具有另一个重要的属性——方向性，这是数字场馆不具备的属性。这一属性是数据化的逻辑起点，也决定了数据化不是简单的数字化量变。二是实质不同。数字场馆依托的方法论和技术手段比较单一，其实质是通过互联网和计算机的工具取代人为行动的一个过程变化，从而获得更多的科普资源和更大的传播效益，获得输入产出的效益最优化。在数字场馆阶段，计算机运算处理能力没有被真正发挥，呈现的是一个相对静态的过程。人为的处理、分析是最核心的内容，计算机的处理和分析只是起到了工具式的辅助作用。在智慧场馆阶段，人在整个数据管理过程中的作用很弱，取而代之的是由信息化技术获得的处理结果和数据成了主流。在此过程中，人与计算机的关系不再是“1 + 1 = 2”的逻辑关系，而是更为复杂、联系更为紧密的人机结合过程。到了一定的信息化阶段，人对智慧场馆的介入会越来越少，计算机主动发挥的空间和潜力会越来越大，这一过程呈现的是一个负相关的关系。

当前虽然智慧场馆的概念不断在不同领域被提及，但无论是在学术界，还是在产业链中，对智慧场馆都没有一个统一的定义。智慧场馆的定义在不同行业、不同领域，甚至是不同的应用场景中都有不同的定义，人们往往根据自身研究需要或者项目实施建设的需要去定义智慧场馆的概念，甚至是根据自身技术能力和方向的不同，以自身优势技术和主打产品为基础和核心去描述智慧场馆的内涵。通过对相关文献的研习，笔者认为，目前关于智慧场馆的理解和定义，仍可以简单理解为“智慧 + 场馆”或者“智慧与场馆”的关系，其中智慧的概念核心是新一代信息技术，这是一个动态、进化的概念，学界和行业普遍的做法是从新一代信息技术出发，描述信息技术种类和现状，突出强调信息技术的关联性及技术导向下管理模式的相应变化。管理模式的变化随着所在的行业和领域的不同而不同，也就是“ + ”的定义所在，一个连接技术和对象的预留定义。虽然“ + ”的方式、模式和对象不同，但是目前对智慧所应该包含的新一代信息技术的具体内容都还是比较一致的，主要包括大数据、人工智能、物联网、新一代移动网络技术、区块链等技术。此外，智慧场馆中对场馆的概念也有了延伸，突出强调这是以技术为支撑，以数据为导向，以业务流为向导的一个系统性管理理念和模式重塑下的新型场馆概念。在智慧场馆理念下，管理者对场馆的关注点更加聚焦和科学，在场馆服务、管理、运行、营销等方面都体现出智慧化。其一，在智慧场馆方面的服务智慧化，强调和体现的是以人为主的理念，通过智慧化手段重塑服务模式和产品，更加关注服务对象的属性和场馆内在资源的数据联系、互动联系和反馈。其二，在场馆管理方面的智慧，强调数据化支撑下的决策更加科学和精准，通过智慧化的技术手段和理念，改变场馆业务、经营活动、流程、服务产品，管理者对数据的把控更加全面、及时、科学，管理的维度和时空性也得到科学放大，具备了事前、事中、事后的全时间管理，在决策内容的深度和远见性方面也更加合理化，管理者能广泛运用信息技术，改善场馆业务流程，提高管理水平，提升产品和服务竞争力，增强观众、场馆资源、场馆企业和场馆主管部门之间的互动，推动场馆产业的整体发展。其三，在营销方面的智慧。由于所有的营销活动都是以服务对象为主而开展的，因此精确把握、了解服务对象是所有场馆营销的出发点。在智慧化模型下，场馆资源与服务对象的数据联系和匹配性有了技术基础，对场馆相关的营销决策和产品定位、营销效果可以进行量化分析。第四，在场馆运行方面的智慧，主要包括对场馆相关的环境、安全、能源、水电网等基础楼宇设施的高效率、智能化管理，通过信息化介入优化管理手段和方法，从而取得更高效、更低成本的运行成效。

3. 新一代信息技术在智慧场馆中的应用

在智慧化浪潮下，各行各业运用新一代信息技术方面的技术路径具有高度的一致性，例如智慧城市框架体系下的智慧交通、智慧医疗、智慧旅游、智慧金融等都是以新一代信息技术为支撑进行业务流程的改造，从用户到管理者两端进行流程重塑，获得体验和管理的双重提升。作为共性技术，大数据、物联网、云计算、人工智能、区块链也是智慧场馆的核心支撑技术。其中，人工智能、区块链技术目前在金融、航运、物流等领域有了成功的应用案例，在其他行业领域尚未出现广泛成熟的应用。限于人工智能、区块链技术尚未发展成熟，而科普场馆在智慧化建设过程中属于技术应用而非技术研发的角色，因此，人工智能技术和区块链技术在博物馆、科技馆的智慧场馆建设中没有运营案例，甚至大数据技术在智慧场馆中的深度应用案例也较为少见。但可以预见，下一阶段智慧场馆将会在人工智能、区块链和大数据深度应用方面发力，并借由以上技术的成熟商化而进入新的发展阶段。以下就物联网和大数据技术在智慧场馆中应用进行简单介绍。

第一，物联网在智慧场馆中的运用。物联网是数字场馆转向智慧场馆的重要标志之一。在物联网技术的支撑下，科普场馆获得了对场馆环境和服务对象在时空上的全面感知。在科普场馆里，传统的数据采集方式主要包括照相、音视频等。而物联网框架下传感技术则是指通过射频识别、红外感应器、激光扫描器等设备，完成信息获获取、交互与管理等工作，这种新型信息互动模式为科普场馆带来了信息多元化的革新及智慧场馆与周边计算技术的进步，实现对服务对象、各类数据的交换与无缝连接，实现对场馆服务与管理工作进行实时监控的目的，为大数据的介入提供了基础支撑。

第二，大数据在智慧场馆中的应用。随着物联网和社交网络对科普场馆影响的深入，科普场馆数据的丰富度在提高，从数据量层面看，具有数据体量大、冗余数据多、数据价值密度低、自动化处理效能高等特点，尤其是在数据博物馆、数据科技馆阶段，数字资源的建设是数字场馆的主要特色和核心内容，因此产生了大量的音视频资源。特别是进入物联网时期，各类传感器源源不断生产大量实时数据，音视频检测系统也实时摄取大量用户数据、展览信息等数据。同时，社交网络的兴起，使大量用户生成内容、音视频、文本信息及图片等非结构化数据相继出现，科普场馆已经进入了大数据时代。[3]大数据技术成为智慧场馆的核心支撑技术之一，通过挖掘智慧场馆用户的行为习惯与兴趣，从复杂的数据中找出最符合用户需求的产品与服务，通过对产品与服务的调整与优化，实现数据分析对智慧场馆的重要价值。

二、基于信息化平台的智慧科技馆建设方向

随着时代的发展，以新一代移动互联、大数据、物联网、区块链、人工智能、云计算为基础的新一代信息技术迅速发展，各行各业刚经历了数字化技术革命的浪潮，又立即进入了以数据为支撑的数据信息时代。技术导向下的各行各业都涌现了新的动力和发展生机，社会的层层变革也为科普场馆行业带来了跨越式发展的曙光。作为与信息技术密切相关的数据高聚集领域，科普场馆一直以来面临着许多制约发展现实瓶颈问题，难以获得有效突破。在新一代信息技术的推动下，科普场馆管理、经营、运行、营销、服务等模式都将迎来深刻的变革，这也将为科普场馆的发展和繁荣起到越来越重要的作用。[3]这些新技术的发展和变革，在科普场馆的信息化平台建设方面得到最直观的呈现，最终体现在场馆的综合服务平台上。主要包括前端应用体系、后端支撑体系两大层次，由综合智能服务体系实现互联互通。下文在大量国内外科普场馆信息化建设案例、文献研究基础上，提出智慧科技馆建设方向的初步设想。

1. 建设智慧科技馆拟解决的关键问题

（1）数据孤岛，业务不畅，技术融合和迭代升级上乏力。

每一轮信息化浪潮都会催生许多新的信息化做法，也必然会涌现大量的技术解决方案，科普场馆一般也会引入种类繁杂和数量庞多的信息系统，在办公、楼宇、财务、人力、经营等方面采用不同的信息解决方案。然而，不可避免的是，这些系统一般是相互独立的，各有各的专长优势及存在的必要性，这就造成了在业务关系、数据流、逻辑链方面有关系和联系的数据和信息因为信息系统隔离而分布在不同的信息模块，业务流和数据流也被切分开，形成了相互独立的数据岛，各自具有一套自成系统、体系完整的数据体系，其他外来信息和数据由于没有在本系统逻辑和规划顶层上占位，很难被直接利用。另外，还有同样的一组业务、流程的数据在多系统中同时存在，且标签和定义都完全不同的情况。

数据孤岛还体现在数据采集不准、不全及缺乏顶层设计方面上。无论是技术主导还是业务主导，传统的做法是以技术系统或者单一业务某块为核心进行数据的设计、采集、分析、管理和利用。由于在数据管理上存在多头为政、重复管理的问题，因此所利用的数据往往是相对静态的数据，采集的渠道也不够畅通，信息较为滞后。这些问题的存在直接导致了目前许多信息系统采集的数据是“死数据”，只能封存在数据孤岛中，数据本身也不够精细和个性化，无法满足更加精细化和个性化的业务需求。

业务畅通不善和数据共享无方是目前诸多科普场馆，尤其是经历过数字场馆、上一轮信息化浪潮的科普场馆在进入新一轮信息化进程中呈现出来的主要问题的技术特征。但是，在这表象的深层次上，蕴含更具有挑战性的问题，即旧系统可能无法兼容新技术应用。在新一轮信息技术发展风口上，许多核心的关键技术尚未形成行业统一标准，IT 厂商会各自定义该技术内涵，并围绕自身系统诠释技术要点和功能框架。但由于成本和研发能力，甚至是想象力的限制，其所谓的创新往往停留于概念层面，核心技术和系统框架都沿用旧的做法，或者沿用了旧的技术路径和设计架构，仅仅更换了更加稳定、快速的底层技术，数据孤岛的本质问题依然存在。解决数据孤岛的问题不能依靠各个孤岛自身的迭代升级，而需要站在第三方的角度，运用新一代信息技术的工具、模式和方法论，从业务、数据入手，以管理和服务终端的问题为导向，在管理和服务两个方面寻找痛点，再进行长远规划和顶层设计。在具体实施路径上，可能不是通过“连接”的方式来解决数据孤岛问题，而是通过“容纳”的方式来寻求解决方案。这需要以更加先进的技术架构和技术平台为支撑，以具有更高全局性、前瞻性的设计思维为导向，重新审视管理和服务、业务和数据的关系和作用，暂时撇开新旧信息系统交替换代凸显出来的问题，进行顶层设计和长期规划。需要强调的是，这种顶层设计必须基于对技术和业务前景具有全局性、前瞻性的了解。

针对这些问题，依托新一轮信息化浪潮建立智慧场馆综合服务平台将有助于科普场馆实现业务、数据的相互连通，建成一个动态进步、自适应技术和业务需求发展的有机体，同时借助传统下线区域性集群优势，横向和纵向整合各阶段、各节点信息数据，建成一体化数据中心，将链条上的所有智能设备被互联起来整合成一个大系统，它们所收集的数据能够被充分地整合起来。信息化智能综合服务平台以人为本的服务方式，打破了上一轮信息化遗留下的数据孤岛瓶颈，实现了业务、数据和技术重塑。

（2）从业务需求引导技术落地到技术驱动业务和管理变革和转型。

很久以来，信息化被当作纯粹的技术工具而存在，采用何种信息化解决方案和技术路径，往往由单一的模块化业务和管理需求而决定。“定需求，再选技术”是许多信息化传统做法的一贯理念，在这种观念的相互作用下，催生了许多专业的信息系统和技术方案，这些信息化产品都是围绕某些具体的业务模块和管理需求而定制产生的，基本满足了相应业务和管理的短期需求，两者也形成了一个成长闭环。虽然许多行业因此而发展成熟，且更加专业化，但相对地，也功能单一，且趋于封闭化。这种状态在信息化融合不是很密切的环境下，尚有存在的合理性和必要性，也在需求决定技术的传统理念下有了赖以生存的市场空间。然而，在新一代信息化阶段，跨界关联和技术融合的程度上升到一个更高的层次，新型信息技术的快速成熟和推广，也逐渐淡化了专业技术的边界，传统技术厂商赖以生存的具有一定垄断性质的技术孤岛和行业专业性被逐渐打破，被迫与新一代信息技术进行融合，从技术到模式都需要加速变革，以适应新时代的需要，否则将面临被边缘化和替代的紧迫困境。在技术快速迭代和创新的信息时代，技术的成长催生了更多更先进、更高效的信息化解决方案，与传统信息化解决方案相比，它具有强大的领先优势和生命力，因此也出现了新技术替代旧技术的信息化市场环境。

同样的道理，受新一代信息化技术和模式革新的影响，以往采用的业务需求决定技术方案的传统做法所催生的数据孤岛现状将发生根本性的革新。在外部发展压力和自身成长压力双重影响下，数据孤岛问题将成为推动新一代信息技术落地的导引。一旦技术方案影响了业务和管理发展，势必需要从数据孤岛着手寻求解决方案，而新一代信息技术，如大数据、物联网、智能技术等所带来的技术变革和理念创新，提供了一种全新的信息化解决方案和思路。以往在业务和管理需求决定技术方案的思路下，难免会存在技术反客为主的情况。在实际信息化过程中，由于技术和业务、管理需求缺乏有机融合，在融合上消耗了太多的资源和效率，而为了刻意的融合，技术和需求双方都各自消耗了大量的资源用于优化自身的适配性，没能形成良性自循环。

在新一代信息技术背景下，在更加宏观和前瞻性技术框架体系下，推行智慧化信息建设，具备了技术驱动业务和管理重塑的可行性。在这条新的实施路径上，业务和管理的需求都将从最末端服务输出和管理输出需求作为问题靶向，并作为信息化的统一思路，在过程中信息化具备了技术渠道业务和管理再生的能力，后者关注的焦点在于输出质量和过程融合、整合，从而实现精准和个性化服务，以及自适应管理模式，是信息化技术浪潮推动下所带来的各行各业管理变革的主要趋向。[4]

（3）相对静止且相互牵制发展，需建立动态自适应生态环境，实现技术需求相生共生，实现可持续性创新。

在传统信息化体系和技术模式下，业务、管理和技术方案是相对静止的存在，它们通过建立需求点进行相互匹配并保持相对稳定，一般是在平衡需求基本实现、技术方案交付使用后，便不再有变化，技术方案也只是为了满足运行正常而做出版本升级，技术架构和顶层逻辑都不会再有革新。相对地，业务和管理需求一般也不会再有大的框架变化，如非外界有大的推动力，业务和管理需求甚至会为了不影响技术框架的稳定而放弃小范围的更新和迭代，更是极少会主动进行技术方案的创新和论证。只有当业务和管理出现较大瓶颈和问题时，例如出现业务联系需要密切数据、流程联系，需要从整个管理链条和服务链条把握输入、过程和产出结果时遇到数据孤岛等问题，或者外部技术环境发生较大变革，才会开始重新审视需求和技术之间的关系。例如，当新一代信息技术造成较大社会变革时，冲击了上一轮信息化的现状，或在社会智慧化信息建设的冲击下，部分行业和领域才会从管理内部重新审视其信息化现状和做法。在这一背景下，业务和技术相对静止的状态不得不做出调整，才会主动融入新一代信息技术的浪潮中。

作为经验教训，在新一代信息技术背景下进行智慧化提升，以新型信息技术的优势，与业务和管理需求建立起相对动态、相生共生的良性动态共存的生态。通过新型信息技术，以平台化、模块化的理念进行指导，可以建立起具有开放式系统框架，并具有自我学习进化，能与业务和管理进行动态匹配，以及主动发现问题和引导业务和管理变革能力的新一代智慧化体系。业务、管理需求与技术方案是一个整体架构体系，它们之间没有明显的界线，不再是相对静止的存在，技术即业务和管理需求，业务和管理需求也能由技术产生和主导。同时，通过一次性设计、规划建立起的这种新型智慧化生态，可以彻底消除由于相对静止而为了相互适应、改变所产生的中间差和时间差，业务和管理的改进不会因为技术实现而暂停，技术路径参照的是大环境下新一代信息技术的发展，也不会为了被动适应需求而放弃迭代革新。两者互为产品和方案，相互引入最新的创新理念和模式方法，形成一体化的智慧解决方案。[5]

2. 智慧场馆建设内容设想

建设基于信息化平台支撑的科普场馆智能综合服务平台，解决管理和业务的发展痛点，以新一代信息技术为支撑，构建贯穿整个科普过程的主动感知与智能服务体系。[6]建设基于信息化平台的场馆智能综合服务平台，以新一代信息技术为支撑，以观众需求为中心，通过高度系统化整合和深度开发激活，实现管理、经营、运行、营销、服务、研发的全业务流集成管理，建立智慧化的科普旅游、服务、营销和管理的全新的旅游运行方式。高度信息化的智能综合服务平台的本质是新一代信息技术与科普产业的深度融合，贯穿科普活动全过程、经营全流程、服务全链条，以技术创新增强科普企业竞争力，优化游客体验，提高展馆管理水平，实现展馆的智能化管理和运行，从传统服务业向现代服务业升级。具体初步设想见图2-6。

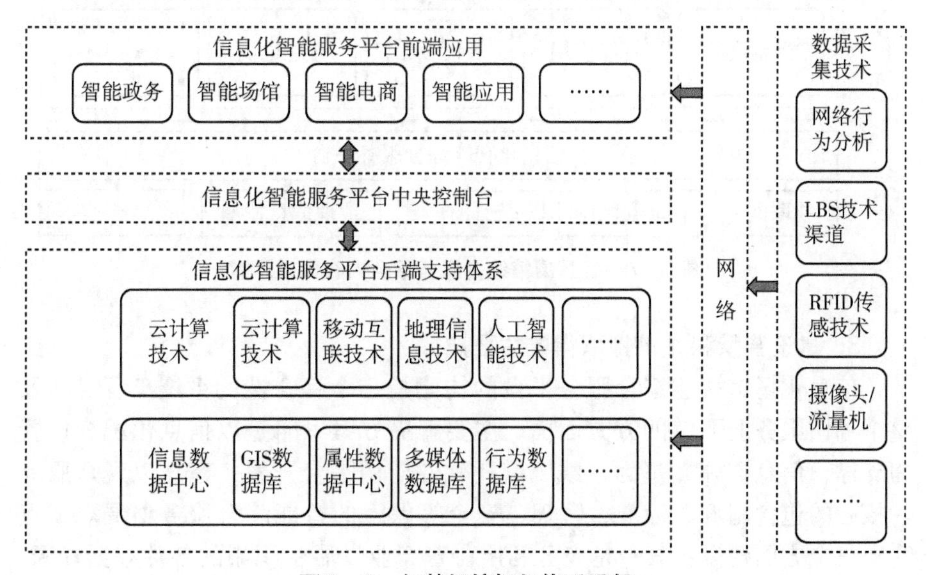

图2-6　智慧场馆框架体系设想

信息化场馆智能化综合服务平台主要通过数据、网络系统、智能软件平台、核心数据中心四大方面建设，实现旅游信息的高度系统化整合和深度开发激活，运用新一代信息技术，建立高性能的传输网络、强大的计算处理系统及核心数据中心。主要包括：①系统化采集旅游链上的观众、展馆等信息数据，深度挖掘和处理不平衡数据，形成展馆服务相关的餐饮、住宿、导览、景区、交通、文化等数据池，将其作为管理者的决策依据。②利用大数据、云计算相关技术和第三方平台，整合自有网络硬件设备，建成高速畅通的信息传导网络。③搭建智能计算处理平台，依托移动智能App软件、深度融合开发的全媒体平台建成数据分析处理中心，处理各种指令，并作为应用端最终供游客和管理者使用。④依托传统线下联盟平台，以科技馆研究会、科普基地联盟为支撑，借助综合智能服务平台，构建旅游信息共享机制和标准、规则，建立数据共享中心，成为支撑服务体系的重要基石。主要研究内容包括技术层、服务层、应用层三个层面，见图2－7。

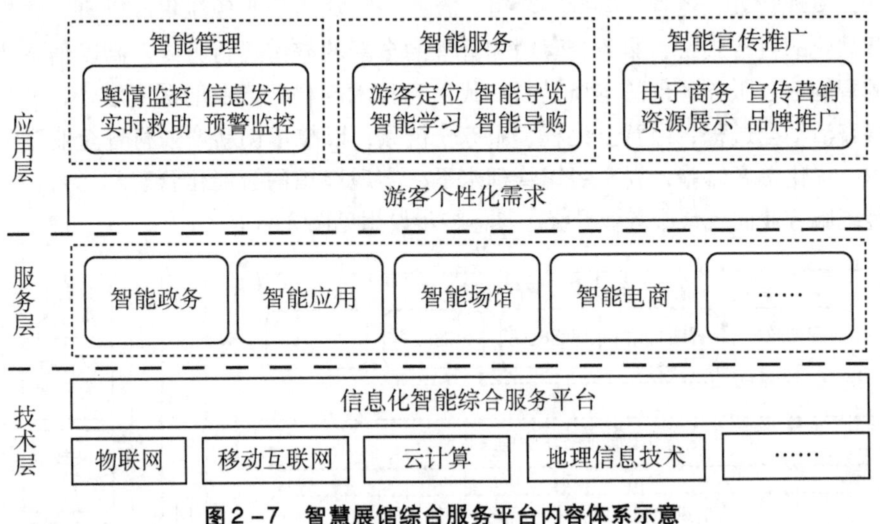

图2－7 智慧展馆综合服务平台内容体系示意

3. 建设智慧科技馆拟取得的主要成效

信息化场馆智能综合服务平台的构建是一个综合性的系统工程，涉及整个场馆服务上下游的方方面面，主要解决方案思路是以信息化配套设置为支撑，信息资源共享为主线，依托软件应用平台开发，建立以观众服务为核心的包含制度、标准、管理、安全等保障的智能综合服务格局。重点落实三个方面建设：其一是充分利用科普产业发展中积累的各种数据资源，采用大数据、AI等技术对场馆业务和管理需求及服务输出进行聚类分析和关联规则的挖掘；其二是要慎重选择城市智慧领域各个项目的商业模式，形成良好的产业效应；其三是要紧跟新科技发展步伐，注重云计算、物联网等新技术的应用，通过云平台的方式整合各种文化旅游资源，形成一个展馆服务的“智慧云”。智慧场馆实施框架设想见图2－8，主要的落地成效包括以下三个方面：

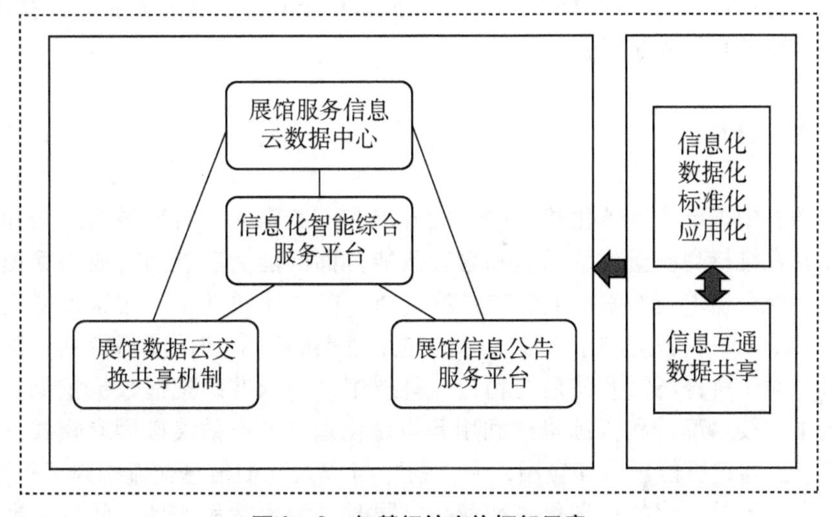

图2－8　智慧场馆实施框架示意

第一，建设统一管理和服务数据中心。智慧场馆建成的重要标志是数据高度集成化。具有开放性、兼容性的数据旅游业是信息密集型产业，涉及科普资源、科普产业、观众个性化需求、智慧城市等各方面的数量庞杂的信息，通过建立密集型数据技术的应用，建设智慧场馆云计算中心，构建相关的数据库，实现智慧场馆的标准化建设。

第二，建立展馆数据云交换共享机制。基于统一的旅游信息云存储中心建立旅游数据云交换共享机制，整合行业组织、共同体的集群发展优势，实现各方数据和智能综合服务平台的应用对接，实现与各场馆和各类第三方线上线下服务商、在线旅游网站的数据同步和信息交换。

第三，打造展馆统一服务平台。依托建设统一综合服务软件应用平台，整合网站、新媒体、第三方电商、线下自主服务终端等，通过自建的各种信息传播媒介和咨询渠道，向游客提供全面、立体的服务信息和自主服务，并在游客自行获取信息的基础上，发展以信息推送为代表的主动式服务。主要包括：①建设全通道旅游咨询服务中心。在云计算数据中心统一数据框架下，建立用户数据档案，依托先进的数据处理、分析和挖掘技术，建立个性化的顾客沟通服务体系。②打造智能化精准宣传推广系统。通过信息技术提高旅游舆情把控能力和游客需求分析水平，构建精准宣传推广系统，实现服务产品与观众客户需求精确匹配。③建立智能化电子商务平台。通过网站、手机 App 等方式提供综合旅游产品的在线预订服务，实现线上电商渠道信息的整合，实现游客数据信息集中汇集、统一管理，在不同渠道的预订均可以与其用户信息关联，在此基础上通过大规模数据仓库技术，挖掘客户信息，满足或者引导客户需求。

三、结语

随着中国新型城镇化建设的全面开展和不断深入，智慧城市理念和技术以其在维持高质量生活品质和管理效能方面的能力和魅力，成为管理者和社会受众追求美好幸福生活的必然选择。在“互联网＋”国家顶层战略部署的推动下，智慧城市发展理念的应用范围的广度和深度都得到了显著提升。对于科普场馆尤其是博物馆、科技馆来说，准确把握数据挖掘、以人为本、技术革新和资源集约利用等智慧化理念，有效突破固有模式，促进创新要素的智能融合和应用，为“物”与“人”的信息交流构建了平台，实现科普场馆运营的精细化和智慧化，同时也为智慧科普场馆的发展带来了更多的可能性。准确把握新一轮信息技术革新带来的创新突破，成为管理者工作的抓手之一。

参考文献：

[1] 杨清霞. 怎样迈向智慧城市［J］. 决策，2009（12）：54－55.
[2] 李虹. 物联网［M］. 北京：人民邮电出版社，2010.
[3] 黄宜华. 深入理解大数据［M］. 北京：机械工业出版社，2014.
[4] 项亮. 推荐系统实践［M］. 北京：人民邮电出版社，2012.
[5] AIGRAIN H，ZHANG H J，PETKOVIC D. Content-based representation and retrieval of visual media：a state-of-the-art review［J］. Multimedia tools and applications，1996（3）：179－202.
[6] 吴胜武，闫国庆. 智慧城市技术推动和谐［M］. 杭州：浙江大学出版社，2010.

第三章　展项与世界：模仿论域中的科技传播与科学普及

第一节　科学中心展览的科技文化传播

摘要：科学文化与技术文化相辅相成，二者相互聚合形成了科技与人类关系的双螺旋结构。科学中心是科技文化传播的重要场域。2019 年广东科学中心从国外引进的“超级细菌：为我们的生命而战”“意大利：知识之美”“西班牙 FOTciencia 科学摄影展”和“数字革命”四个巡展分别对科技的叙事空间、科技的历史空间、科技的美学空间及科技的艺术空间进行了探索，在展览策划理念上将科技与文化的不同维度相融合，形成了科技叙事、科技历史、科技美学、科技艺术的展示设计范式，生成了科学中心展览实现科技文化传播的若干可能路径。

关键词：科学文化；技术文化；科技文化传播；科学中心；展项设计

一、引言

科学文化（scientific culture）与技术文化（technical culture）可以追溯到人类文明的早期，始于人类对工具的使用。科学文化源于 17 世纪自然哲学家、博物学家的科学建制，伴随着 18 世纪英国工业革命和法国思想启蒙运动的兴起，以及 19 世纪现代工业化进程的推进，科学文化和技术文化有了长足的发展。科学文化的扩张带来了现代文明，[1] 它与现代性相辅相成，而在信息技术迅猛发展的当代，技术文化则与后现代性交相辉映，探索着当代技术文明对人类身体的改造带来的人类对即身（embodied）和寄身（embedded）体验的再认知。在学术领域，科学文化和技术文化都是当代科技哲学文化转向的产物。[2]科学文化是人在科学活动中的生活形式和生活态度，即科学共同体内部的规约，是知识、技艺和态度的组合，它更强调科学思想、科学方法和科学精神等形而上的“精神性”规约。技术文化则更加侧重与“物质性”相关联的身体、身份和主体性等问题。人类通过技术自我构造，而自我构造首先是塑造自己的身体，[3]技术文化就是在技术调节的文化中寻找对技术改造后的身体认知表达的新途径。

科学文化的传播促成科学共同体内部的文化规约溢出，渗入更为广泛的社会文化中，[4]实现科学文化的“社会化”，[5]以增加科学文化在社会文化中的权重，并逐渐替代传统文化因子的权重。[6]随着我国科技改革的深入推进，科学文化在支持创新型国家战略实施、促进民族文化自信、提升全民科学素质及营造鼓励创新的社会氛围等方面的价值日益显现。[5]科学文化的内在建制及其社会化对当代中国科技创新具有助推作用，受到了国内各界人士的关注。但与科学文化同源、始于20世纪90年代的技术文化由于发展时间较短，尚未像科学文化那样带来社会的变革与进步，实用性和功利性相对较弱，目前在国内还未受到充分的关注。笔者认为，科学文化与技术文化相辅相成，二者相互聚合形成了科技与人类关系的双螺旋结构。在引入科学文化的同时，也应引入技术文化。既要加强科学文化的内在建构和社会化传播，也要学会运用技术文化解构科学文化，① 开展技术文化的展示与传播。

任何文化的传播都有赖于具体的人际交流和实践活动来实现。科学中心以科学传播为己任，在展项研发实践中对科学的传播更多地体现在展项图文版的科学原理中，向观众说明该展项体现的科学内容，而这种科学内容更多的是科学知识这种显性的科学，至于科学思想、科学方法和科学精神等隐性的科学内容则难以表达；至于科技对人类身体和主体性带来的改变这类技术文化范畴的展示与传播，在科学中心传统的学科式展厅中则更难实现。这就

---

① 科学文化所倡导的自由和理性等人文主义（humanism）精神崇尚的是纯粹的、超越功利的、对真理的追求，任何功利主义的初衷从根本上都是对科学文化本质的损害。在人文主义观照下，科学文化崇尚人的自由，由此带来的无限的可能性，以及与之相匹配的科技给人类社会带来的进步，这些“现代性”已然受到当代后现代主义理论家的质疑。以后人文主义（posthumanism）精神为前沿阵地的技术文化解构以人文主义为本质的科学文化，反思科技文明对人类社会和人类个体带来的影响。

要求科学中心的展项研发设计人员打破固有的展项概念设计思维的束缚，从展览内涵、素材发掘、内容表达、展示方式上另辟蹊径，打造适于传播科技文化的展览。广东科学中心自2018年11月通过吉尼斯世界纪录认证，被授予“最大的科技馆/科学中心”称号以来，向世界展示了中国科技文化的迅猛发展，国际影响力日益彰显，引进国外巡展、与国外科学机构联合开发展览等工作也迈上了新的台阶。下面就以2019年广东科学中心从国外引进的若干巡展为例，探索这些展览中蕴含的科技文化内涵及其展示形式，并总结归纳科学中心展览在科技文化传播层面值得学习、借鉴的若干范式及其理论依据。

二、科技的叙事时空，叙述科技背后的人文故事

关于叙事的研究由来已久，但在科技语境下对叙事的研究却少之又少。① 叙事在本质上具有说服性，有利于向观众传播科学，可以增进观众对科技文化的理解、兴趣和参与度。比起数据、说明、推理等阐释思路，叙事更适合面向非专业观众的科技文化传播，因为相较于传统的逻辑缜密的科学传播，观众更易于理解叙事，并且参与其中。[7]叙事作为一种传播形式，致力于提供一种有理有据的关于个人体验的描述，更易于勾起观众的回忆，缓解焦虑，观众所需要的阅读时间也较短。[8]叙事有助于推动人类信息处理的四个主要步骤：动机与兴趣、认知资源的分配、阐释和向长时记忆的转化。[9]叙事认知代表着人类思维的缺省模式，为现实提供结构、服务于记忆的深层基础。[10]科技文化的展项叙事通过整合文学上的叙事学理论，形成叙事传播理论，并将其运用在科技文化传播语境下。

“超级细菌：为我们的生命而战”展览②旨在探索人类对抗生素耐药性这一全球性威胁的应对措施，提升公众对抗生素耐药性的认识和理解。展览分为微观视野、人类视野、全球视野三个部分，分别展示超级细菌的抗生素

---

① 笔者在《建构科技叙事——理论与实践创新研究》一书中，在当代科技文化背景下探讨了各种科技叙事的方法，从新型科技主题（创客）及其空间（创客空间）叙事、科幻文学叙事、科技展项叙事、自然环境科技叙事、科学素养测评5个子领域的理论与实践探索出发，以期建构当代科技叙事理论。

② 该展览由英国博物馆策划，辉瑞公司、日本盐野义制药株式会社资助，英国研究与创新署、东英吉利大学支持，于2017年11月开始在英国伦敦博物馆展出，同名中国巡展由广东科学中心联合英国科学博物馆集团共同策划研发，英国惠康基金支持，2019年7月首站在广东科学中心开幕。

耐药性在显微镜、人体及全球视角下的生成、延续与影响，特别呈现全球范围内非凡的科学研究活动，并展现超级细菌抗击者的个人故事，呼吁全球社会公众在自身层面上采取行动，齐心协力抗击超级细菌，以保护人类健康的未来。

该展览的一个突出特点就是所有内容点都是通过叙事的方式展开，在微观、人类和全球视野下通过18个故事的形式对展示内容点进行呈现：在微观视野展区，有培养皿、青霉素、微观“英雄”3个故事；在人类视野展区，有患者杰弗里、医生伊姆兰、护士莎拉、设计师杰克、农民瑞克和示威游行者艾玛的6个故事；① 在全球视野展区，有健康示威游行、肺结核、经度奖（Longitude Prize）、粘菌素、科莫多龙等9个故事。

使用叙事的结构进行展项内容的策划有着潜在的优势。对于绝大多数人而言，科技不是一种直接体验，而需要依靠其他途径获取对科技的理解。很多非专业观众会利用非正规教育机构，即参观科技馆展项的方式获取科技文化。展项将抽象概念通过戏剧性的叙事实现人格化，聚焦较大语境下某个个体或一小群人，探索这些人的行为所带来的影响。人格化（personification）对展项叙事而言是有效的，可以增加观众的认同感和同理心。对于展项而言，人格化很好地满足了科技文化传播的需要。特别是对于那些较为艰深、生僻的科技概念，人格化叙事是观众最易于接受和选择的。[11]

展览聚焦微观、人类和全球范围内的抗生素耐药性，展示了来自全球各地的卓越科学研究成果，揭示了与超级病菌作战的个人故事。但是，除人类视野展区外，微观视野展区中展示的细菌在微观世界内的传播行为以及全球视野展区展出的由此产生的全球范围内的抗生素耐药性问题超越了个人视角，人类个体很难意识到应对超级细菌挑战的必要性。“我们与细菌分享我们的世界。数以万计的生物在你身上，尽管许多是无害的，但也可能导致感染和死亡。感谢抗生素，每年有数百万患有以前无法治愈的细菌性疾病的人得到治愈。但细菌已经反击，演变成对我们最强大的抗生素都具有耐药性的超级病菌”，要让观众能够确实感受到这种对超级病菌的战斗已迫在眉睫，就必须想办法让观众对偏离人类视角的微观视角和宏观视角下的事物建立有

---

① 《超级细菌：为我们的生命而战》中国巡展在此部分中对展览内容进行了本地化的调整和拓展，改为多耐药肺结核患者沈御欣、感染科主任医生袁静、肝病医学中心科护士长段钢、污水处理工程设计师葛唯、生态养鸡农户胡生学、华南师范大学环境研究科学家应光国6个人在各自的工作岗位上正确使用抗生素及应对抗生素耐药性的方法的故事。

效的认知。《超级细菌：为我们的生命而战》展览采取了叙事的手法，将偏离个人人类视角的宏观、微观视野拉入人类认知范畴内。

叙事可以传播非人类视角的科技文化。“人类视角”是人类演化出的认识事实的特定视角。[12]但科技通常情况下都是对非人类视角的过程和现象进行研究。这就意味着，人们很难对科技内容产生关于其确切的数量和理解的感性认知。在尝试理解这类观点时，观众需要借助某些人类视角下相关的体验，在心理上超越可能的经验，获取一种对宏大事件或微观结构的普遍认知，并以这种认知作为决策的依据。研究表明，对人类视角的偏离程度越大，人类做出决策的准确性就越低。建构理论也证明了相同的结论，对人类视角的偏离程度与心理距离成正比，偏离人类视角越远，人类对该事物的认知就越抽象。[13]在处理这类非人类视角的科技文化传播问题时，常用的手法是通过隐喻或类比，将该现象与人类视角范围内可理解的事物建立联系。[14]叙事作为非人类视角下的传播工具还有一个优势，它代表了某种人类视角下对某些现实的心理模仿。叙事在本质上是一种将各种现象包罗在人类视角下的方法：是传播生僻的科技主题的一剂良方。[12]可见，科技语境下的叙事是不容忽视的，考虑到向非专业观众传播科技文化时，增加叙事类展项的比重可以增加观众对科技文化传播的参与度。

需要指出的是，通过叙事展示非人类视角并不是展示这类主题的唯一方法。超越人类视角的展示主题也出现在广东科学中心 2012 年自主研发的、获 2014 年 ASPAC（亚太科学中心协会）创意科学展项奖的《用眼看世界——科学观察工具展》临展中。不同于《超级细菌：为我们的生命而战》展览利用叙事来关联非人类视角与人类视角，《科学观察工具展》以人类感知作为切入点，选取了望远镜、显微镜、内窥镜、夜视仪等科学工具作为连接人类视角与非人类视角的桥梁，通过这些拓展人类感知的利器，人类的眼睛得到了延伸，以此克服人类视觉的局限，辅助人类看得更远、更小，看见肉眼无法看见的世界，不断探索新世界。

三、科技的历史时空，再现地域性科学精神传统

学者将科学博物馆分为自然博物馆、科学与工业博物馆和科学中心三大类别，并指出我国科学博物馆的发展缺少科学与工业博物馆这个环节，直接跨越式地发展为科学中心模式，展示内容往往就科技谈科技，缺乏来龙去脉的展示，对科技的理解也局限于科学和技术本身，未考虑到科学技术的社会背景和人文关联，历史维度淡薄。[15]科学中心通常没有藏品，以互动体验式

展品为主的展示模式在阐释知识背后的精神价值、展示科技对当地的社会意义等传播科技文化的层面具有局限性。超越上述科学中心固有局限性的方法是在科学中心的互动展品中融入科学与工业博物馆的展示内容，加入人工制品（包括科学实验仪器、技术发明、工业设备等）的藏品或复原制品的展示，甚至可以加入自然博物馆的展示内容，即加入自然物品（包括动植矿标本），将科学中心还原到广义的科学博物馆概念中，将科技置身于更为广袤的历史和生态空间中，将科技知识丰富为科技文化。

以《意大利：知识之美》展览①为例，该展览分为“健康、环境、太空、食物与营养、文化遗产”五个主题领域，打造了一个由虚拟部件和实体元素构成的交互式空间，通过各种实例，聚焦意大利科研和科技工作者，展示他们追求知识和技术发展的伟大冒险，以及所做出的重大贡献。展览向观众提供了了解意大利这一具有文艺复兴精神的国家，如何在科技研究和文化方面发展更新，并始终保持技术与文化之间以及科学与艺术之间的紧密联系。

该展在本质上与近年来国内的科技成果展类似，其特别之处在于展示设计中的科技史维度。在健康、环境、太空、食物与营养、文化遗产每个主题的展示中都涉及了文艺复兴时期意大利的相关发明和发现：在健康展区中，不仅展示了当今意大利在健康方面处于世界领先地位的机器人手掌，还展示了意大利在文艺复兴时期处于世界领先地位的医学发现，1833 年保罗·马斯卡尼的《通用解剖学》；在环境展区，不仅展示了生物可穿戴材料，还展示了 1775 年菲利契·丰塔纳的空气测量仪；在太空展区，不仅展示了高分辨率雷达卫星、激光干涉仪空间天线探路者、织女星运载火箭，还展示了 1609 年伽利略·伽利雷的望远镜；在食物与营养展区，不仅展示了叉勺、枪管意粉、食物贮存系统、无人机，还展示了 17 世纪中叶罗马的显微镜；在文化遗产展区，不仅展示了用于研究古代文物的数码技术，还展示了 16 世纪晚期特凡诺·布昆斯格尼的多面太阳钟。无论是历史性的复原品，还是当代的人工制品，都是意大利在科技文化方面的突出贡献，古今并置，共同叙述着意大利璀璨的科技文明。

学者指出，展览常常是“一种带有意图说服、解释、说明特定主题与概念的媒介。不论其话语的性质为何（艺术、自然科学或人文科学），策展

---

① 该展览由意大利外交和国际合作部推动和资助，由意大利国家研究委员会实施，并得到那不勒斯、特伦托、佛罗伦萨、米兰等国家科学博物馆的大力支持。该展览目前已在意大利、埃及、印度、新加坡、印度尼西亚、越南等多个国家巡回展出，广州是巡展在中国设立的唯一站点。

者必然要使用策略，使观众投入情感与认知”。[16]《意大利：知识之美》展览中古与今的呼应形成了一种有力的叙事策略，目的在于传递给观众一种情感和价值，即意大利无论是在文艺复兴时期，还是在当今时代，其科技都是处于世界领先地位的。科技成为勾连过去与现在的中介，以古观今，凸显积极改善国民生活的有为的国家形象，使展览成为建构国家形象与认同意识的有效载体。

《意大利：知识之美》是一种广义的科学博物馆展览，其展示形式既有科学与工业博物馆类型的人工制品（特别是科学仪器）的复原与展示，又有科学中心类型的互动展品（包括多媒体互动），将科技具象到健康、环境、太空、食物与营养、文化遗产五个主题领域，从日常生活、文化遗产和历史传统中汲取设计灵感，在五个主题下提炼标志性时代科技元素为观众具有差异性的个体记忆搭建了一个共同的平台，塑造了关于科技的集体记忆。主题性叙事线索与从过去走向未来的科技史叙事线索相互交织，形成了一个异常丰富的展示性场域，展现了历代意大利科技工作者对艺术与科学之间微妙关系的诠释，这种科技文化的诗意与美感是蕴含在意大利文艺复兴的国家性传统之中的，展示了科技对于意大利这个国家的社会意义。

这种广义科学博物馆的展示设计思路在广东科学中心 2013 年“岭南科技纵横”广东科技发展历程主题展厅的研发设计中也曾得到应用。该展厅分为序厅——抹去历史的尘埃、古代岭南——文明融合绽奇葩、近代南粤——西学东渐开风气、现代广东——进取创新铸辉煌和剧场这几个展区，呈现了广东上下五千年科技发展历程，融合博物馆与科技馆展示方式，实现人机互动，创新科普方式，让历史“重演”。这种科学与工业博物馆科技史时空维度的介入，提升了科学中心展览的科学文化内涵和科学文化传播效能，是国内科技馆值得借鉴的策展策略。

亨里埃塔·利奇在讨论博物馆语境下展览如何生成意义时，将研究路径细分为对物品、文本与视觉表象等各种要素内部秩序的“诗学”和将展览作为机构权力场所、更为侧重语境和权力关系表达的“政治学”。[17]引入科技史维度的策展策略既是诗性/叙事性的，同时又是政治性的，前者是展览的内部秩序，而后者则是这种内部秩序背后所映射的地域性政治与社会语境。科技史可以推动这种内部秩序向外部映射的转化，在当今科技馆全球化趋势下，引入不同国家的展览，感受世界各地人民如何思考科技的意义与变迁，以美学、情感与态度这些人类共通的同理心，建构区域间人与人之间的关系，架构沟通不同国家的桥梁和文化对话的手段，共诉对历史的传承、对未来的引领。

四、科技的美学时空，人类作为自然世界的审美者

科技与艺术都是看待人和宇宙的模式，科技的模式聚焦自然，把人看成自然秩序的一部分，像其他有机体一样。艺术的模式聚焦人，以人的经验作为人对自己、对自然了解的出发点。[18]科技与艺术都根植于西方的人文主义传统。学者将西方人文主义归纳为三种形式：强调理想化的“完整的人”“完全的人”或“完美的人”的文艺复兴时期的人文主义，体现了理性和感性（非理性）、科技与人文（艺术）的融合；强调“非理性的人”的现代西方人本主义的人文主义，表现为感性（非理性）与理性、艺术（人文）与科技及其人文精神与科学精神的尖锐对立；强调“人”及其“人性”消解的后现代主义的人文主义，科技与人文的关系表现为两种相反的倾向：一方面，表现为科技与人文相互分离和对立的状况进一步加剧；另一方面，在两种文化之间又出现了某种微妙的整合趋势。[19]相应地，当代科技文化中科学与艺术既对立又统一在后现代主义的人文主义中。

以西班牙“FOTciencia 科学摄影展”① 为例，该展览的主旨建构基于这样一个信条：科学与艺术之美并不冲突；从根本上来说科学正是起源于人类的好奇心。所有照片都明确传达出这样的信息：科学就在我们触手可及的地方，在我们每个人的身边。我们每做一个决定，每触碰一个物体，每深吸一口气，每遇见一个人，都与科学息息相关。我们基本察觉不到科学的存在，但它其实无处不在，既美妙又隐秘。展览以照片形式给观赏者带来惊奇、特别和有趣的观感，展现隐藏世界的魅力。该展览不仅展示了西班牙近年来在科学研究和科普领域取得的成果，也让公众近距离感受到科学带来的惊奇、有趣和美妙。

在该展览中，科技与艺术更多地表现为两者之间的统一。自由的人既不是世界的创造者，也不是世界的利用者和消费者，而是一个听之任之的“看护者”和欣赏者，这种人与世界的自由的关系也是被称为审美的关系。[20]科技并没有遮蔽人类对世界的感受与发现，相反，科技成为审美的工具，人通过

---

① 该展是西班牙负有盛名的全国性的科学摄影大赛，由西班牙高等科学研究委员会及西班牙科学和技术基金会主办，Jesús Serra 基金会大力支持，旨在将视觉魅力与科普精神相结合，使科技更贴近社会。科学和摄影的跨学科结合，体现在本次 FOTciencia 第十五届大赛的 49 张获奖照片上。本次展览是继北京塞万提斯学院后，FOTciencia 在中国巡展的第二站。

科技与自然世界建立起一种审美的关系，而非剥削、利用或消费的关系。而这种审美关系有助人的自我完善，实现向理想的、自由的完整人性的复归。

而展览对自然美的发现不同于文艺复兴时期的人文主义传统，不是通过艺术来反映真实的世界，并使作品具有某种诗意或灵性，而是将自然科学的发现与自然美的发现相结合，用自然科学的发现来验证自然美的存在，并将这种发现之美用人本主义的语言文字加以叙述，将通过科学工具观察到的陌生的微观或宏观世界/宇宙现象与人类视角下观察到的日常景观相关联，展现出一幅幅既陌生又熟悉的景象：之所以陌生，是因为通过工具（显微镜、相机、过滤器、能谱仪等）的使用获得了非人类视角的景象；之所以熟悉，是因为通过语言（展项图文版）的使用，对上述非人类视角的景象进行了基于人的经验的叙述。

“真菌的殖民”“最后的抵抗”“氧化锌的纳米线花园”“纤维素森林”“二氧化钛岩石和它们之间的石墨烯公路”“纳米悬崖的黎明”“微米世界的万圣节”……一个个生动的展项名称吸引观众在享受照片带来的视觉艺术冲击的同时，思考这些我们用肉眼无缘邂逅的微观景象所蕴藏的科技文化含义。比如，“外星森林”图片是用扫描电子显微镜放大 12000 倍来观察树木的硅样本，拍摄的实际是硅纳米线上滑动的离子液体。这张图片试图告诉我们，想知道另一个世界中森林的样子，不需要离开地球，只需要近距离观察那些从我们视野中逃离的微小事物；“星尘”图片展现了等分样本的力拓河水中，仍有各种极端生命形式在这样一个类似火星地貌环境的系统中共存，好似天幕中一颗垂死的恒星以越来越快的速度萎缩，直至爆炸并产生强烈的球形冲击波，形成超新星并向茫茫宇宙扩散，最后化作星尘。这张图片试图告诉我们，星尘是我们一切的来源，特别是生命，生命总会以看似不可思议的方式延续下去。这种微观世界和宏观世界的关联是超越人类体验的、难以想象的，二者都是非人类视角下的自然景象，且都需要通过科学工具（显微镜或望远镜）获取。这种非人类视角的获取是通过科技实现的，而科技又对人的主体性进行了解构，建构了一幅幅人类不复存在后的图景。但这种非人类的末世图景并不意味着人类生命的终结，因为生命总会以各种形式延续下去，实现对自然世界的复归。又如，“科学女性”图片是扫描电子显微镜拍摄的热电材料薄片，形成的图案仿佛一位展望未来的女性形象，她对科学进步充满信心。不仅是观众，制作、研究和显微镜拍摄人员也对层膜上发现的女性剪影感到非常惊讶。这种偶然的相似性将科技与女性关联起来，这种关联既是艺术的、非理性的，同时又是科学的、理性的，科技与艺术以不可思议的方式相互融合，形成了偶然与必然的对立与统一。该图片对女性观众别具吸引力，激励女性观众在科学和技术的探索中寻找自己的身影，有助于提升女性观众对科技文化的关注与反思。①

五、科技的艺术时空，数字艺术影响下的展项叙事

在“超级细菌：为我们的生命而战”展览中，科技文化通过选取当地典型的人物及其真实故事来展现，在“意大利：知识之美”展览中科技文化通过科技史视角纵览区域性古今科技文明的方式展示，在“西班牙FOTciencia科学摄影展”中，科技文化通过借助科学观察工具获取的视觉影像来延伸人的审美感受的方式呈现，而在“数字革命”展览中，科技文化则以一种更为异化的艺术形式表现出来，挑战着人类对自身的认知。尼尔·波兹曼在《技术垄断：文化向技术投降》一书中通过分析人类文明的演进历程提出我们所经历的三个文化阶段：第一个阶段是制造工具的文化阶段，工具服务于人的物质和精神需求，尚未影响文化的尊严与完整；第二个阶段是技术统治的文化阶段，望远镜的发明推动了科学革命，摧毁了地球中心主义的观点，虽然工具企图变成文化，但还尚未进入文化；第三个阶段是技术垄断阶段，也就是当今我们所处的阶段，技术的进步颠覆了人类中心主义，人的生命必然要到机器和技术中寻找意义。[21]

“数字革命”展览②反映的是第三阶段科技与人类之间的关系。在此阶段，技术不再是外在于我们的中立存在，它不仅是我们和世界之间的中介，也是构成我们存在的重要组成部分。技术与人之间不再是主客体对立的二元关系，而是具有了一种互构性：我们不仅创造技术，也被技术所构造，技术以无法预测的方式重新定义着我们的行为方式。每一种技术都在一定程度上重组了人类的感性空间和结构，从而改变了主体与客体、主体与主体之间的

---

① 据2018年广东科学中心观众调查数据显示，广东科学中心的观众群体中成年女性观众的比例略高于成年男性观众，笔者在《展项研发视域下的观众研究——基于广东科学中心观众调查与展项设计交叉性分析》一文中提出提升科技文化，有利于让科技融入个体的主体性建构过程中，提升女性观众展项参与度，对提升广东科学中心的科普供给具有现实意义。

② 该展览由位于英国伦敦的巴比肯艺术中心（Barbican Center）策划，是一场颇具科技创意和视听娱乐享受的互动创意展览，汇集了众多艺术家、电影制作者、设计师、建筑师、音乐家和数字游戏开发者的创作。2014年在伦敦首展，之后两年陆续去往瑞典的斯德哥尔摩、希腊的雅典和土耳其的伊斯坦布尔巡展。本次展览是继该展在2018年北京巡展后，在中国巡展的第二站。

关系。[22]特别是20世纪70年代以来，数字技术的影响愈发广泛和深刻，作为一种革命动因的数字技术已经渗透到社会生活的方方面面，唯有解构自身才能适应技术的新形式。从医学中机器与有机体的混合（起搏器、人造关节、人造皮肤、金属假肢等在人体中的植入），到我们日常生活中无处不在的眼睛、手表等辅助设备，人类在后现代的生存状态中已然不可能是完全自然的人。哈拉维提出以模糊的人、动物、机器之间的界限为标志的赛博格概念，重建了一种多重的、差异的、多元的后现代主体，一种主客体以及主体间边界模糊、虚拟与真实交至并具备后现代破碎、不确定以及多重自我的混合主题。[23]

“数字革命”展览是一场旨在探索艺术、设计、电影、音乐和数字游戏之间互动转型的沉浸式、多维度展览，营造了一个被数码技术包围浸润的世界，探知数字化技术的演进历史以及对文化娱乐生活所带来的影响，同时也反思人类面对科学技术如何自省。展览分为“数字考古”“全民创造”“创意空间”“声音与视觉”“数字未来”“代码艺术”“独立游戏空间”七个主题展区，展出超过140件互动作品，带领观众踏上从20世纪70年代至今以及未来的数字革命之旅，带给观众美好而震撼的艺术体验。

观众可以明显感受到“数字革命”展览和前三个展览的不同，这种异质感很大程度上源于策展方机构性质的不同，前三个展览均由科学机构（科技馆/科技企业/科研机构）策划，自足科技、拥抱文化，而“数字革命”展览则是由艺术机构策划，是站在艺术的视角对科技进行阐释，这类由艺术机构策划的科技展览①更适于表现科技文化领域的前沿观念，以展项/艺术作品为场域，更加具身地（embodied）进行跨界的共情想象，操演基于科技的万物互构、和谐共存的生命政治。该展览的策展人康拉德·博德曼在谈到数字时代艺术创作中心数字艺术持续增长的重要性与可能性时说，“数字艺术这种在数字时代创作的艺术，从某种意义上来说，自20世纪50年代开始便存在了。但当时并没有太多博物馆或展厅把这种艺术门类当回事，但我认为在过去的十年内发生了重大的改变，世界上许多机构都开始认真地关注数字艺术这个领域以及进行数字艺术创作的艺术家。“数字革命”展览关

---

① 笔者在《技术文化后人文主义关照下的展项叙事》一文中分析了另一个由艺术机构——英国伦敦的卡巴莱机械剧院（Cabaret Mechanical Theatre）、苏格兰格拉斯哥的沙曼卡动力剧院（Shamanka Kinetic Theatre）——策划的科技展览：机械木偶展，该展览曾在2016年来到广东科学中心巡展，该文认为该展览诠释了后人文主义生成他者的若干模式，包括生成机器、生成动物和生成微粒。

注更为广泛的数字创意，是一个关于数字艺术的整体介绍，同时也介绍了数字艺术的历史语境。”随着科技的进步，数字艺术已被大众接受和认可，数字艺术的兴起与发展很好地诠释了科技与文化融合的可能性，通过数字艺术作品，表达和反映当代科技文化内涵，也是科学中心进行科技文化传播的可行之策。

交互式三部曲叙事作品“圣堂的背叛”表现了人与动物之间边界的含混性。采用三张相连的巨型白色投影和黑色钢琴镜面的地面反射，通过Xbox Kinect的感应器来捕捉参与者的剪影，让观众和自己的影子互动，进行出生、死亡和重生的生命叙事。观众走到指定位置，伸展双臂，即可看到“自己”在经历一场生命之旅：在“出生”场景中，人影从头、手开始变成一只只乌鸦飞上天空；在“死亡”场景中，乌鸦从天而降“吞噬”人影，直到参与者的身体投影全部消失；在“重生”场景中，观众展开双臂，双臂化为羽翼丰满的翅膀，观众快速挥动双手，人影像鸟一样飞向天空。三维立体投影[①]装置作品“电音金字塔”（Pyramidi）表现了人与机器之间边界的模糊性。巨型投影的前面摆放着三个类似金字塔一样的神秘乐器，分别由鼓、吉他和柔和电钢琴解构后组装而成。投影的头像是知名音乐制作人Will. i. am标志性的缺角头，然后变换成戴着埃及法老帽子的Will. i. am，无论观众走向什么方向，“法老”的目光始终紧紧跟随，好似为到来的每一个人开设的专场演唱会。“宠物动物园”表现了动物与机器之间边界的消融。它是一个可与人类互动的机械装置艺术作品，艺术家利用悬挂机器手臂创作了一系列的动物形象，这些“动物”通过人工智能技术赋予装置宠物的性格和情绪，并与观众的手势、活动进行互动。

值得指出的是，像“数字革命”这类科技与艺术相得益彰的展览已经不是第一次走进广东科学中心，在2016年广东科学中心引进的来自伦敦卡巴莱机械剧院（Cabaret Mechanical Theatre）和格拉斯哥沙曼卡动力剧院（Sharmanka Kinetic Theatre）的机械木偶巡展中，人类形象的表现手法体现了当代西方技术文化中的后人文主义转向，不再以具象化的人类身体作为主角，而采用跨界拼接的方式，将机器、动物、环境等传统意义上的他者融入了主体的范畴，传达了生成他者的后人类哲学范式。机械剧场的展示形式对国内科技馆的展项研发具有借鉴意义，在科学传播中融入了丰富的文学叙事手法，用科学、技术、文学、艺术相结合的形式再现当代人类的生存现状。

---

① 与传统平面白背投影不同，3D立体投影是把视频投射在不规则的表面、建筑物上，从而产生一种奇幻效果，属于增强现实技术的一种。

六、余论

奥本海默在谈及探索馆的展示理念时将美学视为首要的考量因素，在他看来，科学与艺术以各自独特的模式，改变着个体感知其过去和未来体验的方式，让人们意识到他们周围曾经忽视或从未发现的事物，二者统一于人类对事物的感知，“在我们的规划里，不仅包含艺术家作品的展示，还包括绘画史视角的展示，欧洲和中国文化差异是如何形成的，还有居住在圆形茅草房子的人们对我们熟悉的像箭头长度错觉这样的线形图会做出什么样的反应。”[24]探索馆以感知为切入点，融合科技与艺术，形成了该馆旗帜鲜明的科技文化。科技馆如何在展示理念上寻求突破，构建属于自己的科技馆科技文化，并通过观众体验实现传播，是科技馆展览研发人员值得进一步思考和谋划的。

学者总结近年来科技博物馆展览设计人员普遍欠缺，也最易被忽视的专业能力包括：科技史——发掘展览素材、深化展览内涵的能力；教育学——创新展示方式、提升展示效果的能力；叙事学——优化内容表达、促进观众理解的能力；文学研究与学术研究——展览设计的基础能力。[25]其中，叙事学（包括文学研究）与科技史都是科学中心展项研发设计人员通过展项实现科技文化传播不可或缺的能力。此外，通过学习借鉴国外科技文化展览的研发设计理念，可以看到美学与艺术能力也是以科技文化传播为主旨的展项研发设计人员不可或缺的能力。

2019 年，广东科学中心引进的“超级细菌：为我们的生命而战”“意大利：知识之美”“西班牙 FOTciencia 科学摄影展”“数字革命”四个国外巡展分别对科技的叙事空间、科技的历史空间、科技的美学空间及科技的艺术空间进行了探索，在展览策划理念上将科技与文化的不同维度相融合，形成了科技叙事、科技历史、科技美学、科技艺术的展示设计范式，生成了科学中心展览实现科技文化传播的若干可能路径。媒介理论家马歇尔·麦克卢汉相信科技将带来非集中化的民主社会与万物和谐的文明思想，社会哲学家刘易斯·芒福德也倡导一种科技与文化的和谐生态。人类、科技与文化之间的关系在科技文化语境的作用下终将呈现出一种有机力量、科技力量和文化力量之间的平衡。为此，科学中心展览研发设计人员需要不断提升自身的科技叙事、科技历史、科技美学和科技艺术能力，并在策展中合理运用这些能力，以科学文化传播为己任，消解科技与文化之间的藩篱，构建人类、科技与文化和谐共生的平衡生态。

参考文献：

[1] 郝刘祥. 科学文化的逻辑内涵、历史演变与社会扩张 [J]. 科学文化评论，2010，7 (5)：64 -82.

[2] 洪晓楠. 科学文化哲学前沿问题研究 [D]. 大连：大连理工大学，2006.

[3] 吴国盛. 技术的人文本质 [C]//中国自然辩证法研究会军事技术哲学专业委员会（筹），河北省自然辩证法研究会. 第四届全国军事技术哲学学术研讨会文集. 2013：8.

[4] 郑念. 应高度重视科学文化的建设和传播 [J]. 科学与社会，2019，9 (1)：25 -27.

[5] 郑念，王明. 科学文化建设：现实需求与未来走向 [J]. 科学与社会，2017，7 (2)：20 -26.

[6] 李侠. 科学文化变迁中的博弈 [J]. 科学与社会，2017，7 (2)：35 -46.

[7] BRUNER J. Actual minds, possible worlds [M]. Cambridge, MA: Harvard University Press, 1986: 222.

[8] ZABRUCKY K M, MOORE D. Influence of text genre on adults' monitoring of understanding and recall [J]. Educ gerontol, 1999, 25 (8): 691 -710.

[9] GLASER M, GARSOFFKY B, SCHWAN S. Narrative-based learning: possible benefits and problems [J]. Communications-European journal of communication research, 2009, 34 (4): 429 -447.

[10] SCHANK R C, ABELSON R. Knowledge and memory: the real story [M]. Ed. Wyer, R. S, Lawrence Erlbaum: Hilldale, 1995: 1 -86.

[11] DAHLSTROM M F. Using narratives and storytelling to communicate science with nonexpert audiences [J]. Proceedings of the national academy of sciences, 2014, 111 (Supplement_4): 13614 -13620.

[12] DAHLSTROM M F, RITLAND R. The problem of communicating beyond human scale. Between scientists and citizens [M]. Ed. Goodwin J, 2012: 121 -130.

[13] TROPE Y, LIBERMAN N, WAKSLAK C. Construal levels and psychological distance: effects on representation, prediction, evaluation, and behavior [J]. Journal of consumer psychology, 2007, 17 (2): 83 -95.

[14] BAAKE K. Metaphor and knowledge: the challenges of writing science

[M]. New York：State University of New York Press，2003.

[15] 吴国盛. 走向科学博物馆 [J]. 自然科学博物馆研究，2016，1（3）：62－69.

[16] 张婉真. 当代博物馆的叙事转向 [M]. 台北：台北艺术大学，2014：36.

[17] 利奇. 他种文化展览中的诗学与政治学 [M]//斯图尔特·霍尔. 表征：文化表征与意指实践：霍尔，徐亮，译. 北京：商务印书馆，2013：219－330.

[18] 布洛克. 西方人文主义传统 [M]. 董乐山，译. 北京：读书·生活·新知三联书店，1997：12.

[19] 孟建伟. 科学与人文主义：论西方人文主义的三种形式 [J]. 自然辩证法通讯，2005（3）：27－33，110.

[20] 吴国盛. 科学与人文 [J]. 中国社会科学，2001（4）：4－15，203.

[21] POSTMAN N. Technology：the surrender of culture to technology [M]. New York：Vintage Books，1992：28，52.

[22] 周敏. 西方文论关键词　媒介生态学 [J]. 外国文学，2014（3）：105－114，159.

[23] HARAWAY D. A cyborg manifesto：science，technology，and socialist-feminism in the late twentieth century. Simians，cyborgs and women：the reinvention of nature [M]. Ed. Haraway，D. New York：Routledge，1991：149－181.

[24] OPPENHEIMER F. The exploratorium：a playful museum combines perception and art in science education [J]. American journal of physics，Vol 40/7，July 1972：978－984.

[25] 朱幼文. 科技博物馆展览资源建设："人"比"物"更重要 [J]. 自然科学博物馆研究，2019，4（2）：20－28，88.

第二节　科学中心展项"生成他者"异化认知模式

摘要：从展馆/展览宏观层面对广东科学中心展览矩阵的健康素养概念内涵加以阐释分析，并从展项微观层面对基于广东科学中心健康素养展览矩阵展馆/展览展项的科技传播模式开展研究、构建科技馆展项"生成他者"的异化认知模式，以阐释科技馆展项对健康素养知识、技能、理念、行为内涵的物质性、抽象性、具身性、涉身性生成，并从科技哲学层面对该模式的意义加以阐述，指出作为科学普及的物质性载体，科技馆展项通过形式上的异化使观众对科学内容产生新奇感，观众通过科技馆展项获得的具身性、涉身性体验与体悟形成了展项在多重维度下的“存”与“在”的赋格，促进了观众对自我与自身所处生活世界的认知，提升了观众的健康素养。

关键词：科技馆展项；生成他者；健康素养；后疫情时代；广东科学中心

一、引言

历史学家贾雷德·戴蒙德在《枪炮、病菌与钢铁：人类社会的命运》一书中指出，人类社会的差异来自被各种不同正回馈循环强力扩大的环境差异。每一次疫情来袭，对人类而言既是挑战，也是机遇，正回馈可以促进整个社会乃至人类文明的发展。2020 年，人类社会经历了前所未有的来自新冠肺炎疫情的挑战，中国政府强有力的抗疫措施迅速控制了疫情的蔓延，在不到半年的时间里使得拥有全球约 1/5 人口的中国平稳过渡进入后疫情时代，提供了值得国际社会借鉴的抗疫经验。正是这种卓有成效地对疫情的应对促成了中国社会经济在疫情冲击下率先复苏和稳步向好，带动了区域性乃至全球性的持续发展。

新冠肺炎疫情来袭给全球科技馆行业带来了一次冲击，国内外科技馆纷纷闭馆。闭馆期间，大部分科技馆选择不再开发新展览，而采用线上、虚拟的方式开发科普活动、课程，只有少数科技馆采取了更加积极的应对措施，肩负传播新冠科学的重任，开发多个新冠主题展，促成了社会应对疫情挑战的正回馈循环，不仅为科技馆应急科普展览的研发提供了实证案例，更为人类社会战胜疫情、向后疫情时代的平稳过渡提供了科学传播层面的有力保障。疫情暴发以来，公众对健康的关注度也上升到了空前的高度。突如其来的疫情既是对公众健康的挑战，也凸显了健康素养教育的必要性和紧迫性。后疫情时代，抗疫进入常态化阶段，为筑牢常态化疫情防控的健康防线，提升公众健康素养迫在眉睫，如何加大力度提升公众健康素养成为科普领域亟待思考与解决的关键问题。

二、广东科学中心健康素养展览矩阵

健康素养可以理解为一种机制，通过该机制，个人可以控制自己的健康以及与健康结构相关的因素，[1]健康素养是使个人能够理解与健康有关的信息的技能，[2]在日常生活中做出与健康相关的决定，并保持健康的生活方式。[3]因此，具有健康素养的个人应当：①具备必要的健康意识；②展示基本的健康知识；③掌握必要的保健技能；④能够做出有益于健康的合理决定；⑤精通阅读、写作、计算能力和基本沟通技巧，以获取、访问和践行健康信息。[4]低健康素养与增加健康风险行为、负面健康结果和增加医疗费用有关。[5]

广东科学中心通过展览矩阵的建设回应了后疫情时代公众健康素养提升的关键问题：以全国首家大型食品药品科普主题体验馆“广东省食品药品科普体验馆”的建设阐释大健康概念，在“四品一械”（食品、药品、化妆品、保健食品、医疗器械）的多重物质维度构建与传播健康文化；以全国首个互动体验型新冠专题展览“战疫——抗击新冠病毒专题展”的建设普及抗疫知识，倡导抗疫方法，传播抗疫思想，弘扬抗疫精神，提升公众的新冠肺炎疫情素养；以“低碳 & 新能源汽车”科普体验馆引导公众践行绿色低碳的健康生活，提升公众的生态环境与健康素养。

1. 广东省食品药品体验馆提升公众健康素养

1974 年“健康素养”第一次出现在文献中，[6]但直到 20 世纪 90 年代后关于健康素养的研究才逐渐开展，健康素养的概念和内涵也不断发展和丰富。美国国家医学图书馆将健康素养定义为“个体获得，理解和处理基本的健康信息或服务并作出正确的健康相关的决策的能力”。[7]世界卫生组织认为“健康素养代表着认知和社会技能，这些技能决定了个体具有动机和能力去获得、理解和利用信息，并通过这些途径促进和维持健康”。[8]2015 年国家卫计委在 2008 年原卫生部发布的《中国公民健康素养——基本知识与技能（试行）》的基础上修订、编制、发布了《中国公民健康素养——基本知识与技能（2015 年版）》，文件对健康素养做出如下定义，“健康素养是指个人获取和理解基本健康信息和服务，并运用这些信息和服务作出正确决策，以维护和促进自身健康的能力”，[9]并从基本知识和理念、健康生活方式与行为、基本技能维度对健康素养的具体内涵进行了界定。

2020 年 8 月 28 日建成开放的广东省食品药品科普体验馆通过对“健康

中国”和“食品药品安全治理体系”建设成果的宣传贯彻落实国家食品药品安全战略、提升公众健康素养。全馆108个展项以食品、药品、保健食品、化妆品、医疗器械“四品一械”科普为主题，围绕“文明、科学、安全、健康”等关键词，以宏大视野规划建设，浓缩萃取与大众健康息息相关的古今中外食品药品科学知识，以“食健养和”“药济天下”“美丽妆颜”“大医良器”四个板块，向公众展示了“四品一械”的源起和发展、科学原理与技术进步、合理饮食用药常识以及安全监管等知识，让公众学习身体的健康、精神的健康、环境的健康、社会的健康，设计自己多重意义的健康人生。

2.“战疫——抗击新冠病毒专题展”提升公众抗疫素养

有学者认为，当将一种针对疾病或因地制宜的健康知识工具运用于需要管理特定疾病或状况的人群时，可能会更有用和更相关。[10]《中国公民健康素养——基本知识与技能（2015年版)》中对流感、艾滋病、乙肝、丙肝、肺结核、血吸虫病等传染性疾病，狂犬病、意外伤害等突发性疾病，高血压、糖尿病、癌症、抑郁症、焦虑症、老年期痴呆、心血管疾病等慢性疾病，[9]但对2020年暴发、蔓延的新冠肺炎疫情，还未设置具体的、有针对性的基本知识与技能的健康素养内涵建设。抗击新冠肺炎疫情素养应作为疾病素养的一个案例，纳入健康素养范畴，使公众了解必要的新冠肺炎疾病的科学知识、掌握基本的抗击新冠肺炎疫情的科学方法，树立战胜新冠肺炎传染病的科学思想，崇尚打赢新冠肺炎战役的科学精神，并具有一定的应用它们处理实际问题、参与公共事务的能力。2020年9月9日，在抗疫表彰大会上，习近平总书记首次阐述了抗疫精神，其内涵可表述为：生命至上、举国同心、舍生忘死、尊重科学、命运与共。[11]笔者认为除抗疫精神外，有关部门、学者应积极开展抗疫素养的知识、方法、思想方面研究，与时俱进修订、编制新版《中国公民健康素养——基本知识与技能》。

2020年8月13日建成开放的“战疫——抗击新冠病毒专题展”以展览的形式对抗疫素养科普的内涵进行了探索，提升了公众的抗疫素养。展览设置“病毒来袭”“共克时艰”“科学防治”“‘疫’情警示”4个分区，共36个展项，层层递进，全方位展示了病毒的知识与危害，新冠肺炎疫情的发展与影响、全民抗“疫”的感人事迹，科学防治以及科技在抗“疫”中的支撑作用，并期望通过疫情警示引起社会反思与进步。

3. 低碳 & 新能源汽车科普体验馆提升公众生态环境——健康素养

随着科技的发展和人们生活水平的提高，环境破坏也日益严重。人们日益意识到环境与健康息息相关，环境与健康之间的边界淡化。《中国公民健康素养——基本知识与技能（2015年版）》基本知识和理念第3条就明确指出“环境与健康息息相关，保护环境，促进健康”。[9]为了突出生态、环境对公民健康的重要性，国内外相关机构、学者已将（生态）环境素养和健康素养整合为环境——健康素养。美国公共卫生教育协会于2008年首次提出环境与健康素养这一概念。[12]意大利研究者认为，环境与健康素养（environmental health literacy，EHL）是指个体具有理解和评估所获得的环境与健康相关信息，并利用这些信息做出正确的选择，从而降低健康风险，提高生存质量以及保护环境的能力。[13]2020年，生态环境部在2013年《中国公民环境与健康素养（试行）》版本的基础上，研究修订形成《中国公民生态环境与健康素养》及其释义，提出生态环境与健康素养指公民认识到生态环境的价值及其对健康的影响，了解生态环境保护与健康风险防范的必要知识，践行绿色健康生活方式，并具备一定的保护生态环境、维护自身健康的行动能力。[14]

2019年11月16日建成开放的“低碳 & 新能源汽车”科普体验馆通过科普展项增强公众环境与健康意识、倡导绿色健康生活方式，提升公众生态环境－健康素养。展馆分为“新能源汽车科普体验”及“应对气候变化和低碳科普体验”两大主题板块，设置“环保使命”“绿色动力”“车联天下”“地球发烧了”“气候实验室”“广东在行动”“低碳生活吧”7个展区和1个“低碳工作坊”教育活动区。展馆通过51个互动体验展项，全方位展示气候变化给人类社会带来的影响以及广汽新能源汽车的技术和发展，提高公众对新能源汽车的认知了解，引导公众践行低碳环保的生活方式。

三、基于科技馆展项的“成为他者”异化认知模式

科技馆展项或将深藏于机械、仪器内部和自然、生活现象背后的某些核心科技原理抽象出来，加以形象化、动态化，直观地展现在观众面前，或模拟、再现科学实验和生产的过程，为观众创造实践、体验科技的情境。[15]科技馆展项不是单纯地展示某些未经展示的科学内容，更不是去发现新的未经发现的科学原理，而是如何用科技馆教育特点的形式进行展示，达到教育和启发的效果，[16]可见，科技馆展项是通过新颖的展示形式，实现科技馆非正规教育功能。本文基于对科技馆展项，特别是对健康素养展览矩阵展项的研究，结合形式主义、后人文主义等理论，提出科技馆展项的“生成他者”异化认知模式（图3－1），该模式描述了科技馆展项实现科学传播与普及、提升公众科学素养的内在机制，认为科技馆展项通过形式上

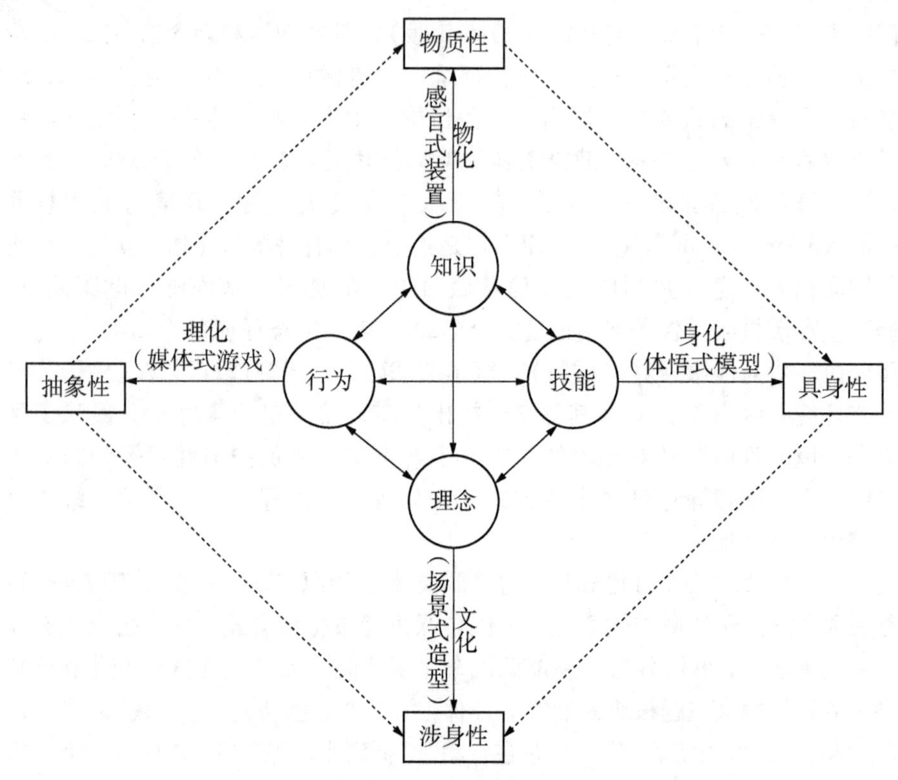

图3－1 科技馆展项“成为他者”异化认知模式

“成为他者”[①]（becoming-other）的异化实现认知上的陌生化[②]（defamiliarization），让观众产生新奇感[③]（novum），完成虚（抽象性）与实（物质性）

---

① 成为他者（becoming-other）：德勒兹和瓜塔里在《千座高原：资本主义和精神分裂》（1987）中提出了“成为少数”（becoming-minoritarian）这一概念，文特（Sherryl Vint）将其阐释归纳为“成为他者”（becoming other）。

② 陌生化（disfamiliarization）：俄国形式主义（Russain formalism）主张通过陌生化（defamiliarization）实现新颖（freshness）。

③ 新奇感（novum）：苏文在《科幻小说的变形》（1979）中引入了新奇（novum）这一概念辅助对科幻的界定，指出科幻有别于其他叙事的特点在于一种主导性或霸权性的符合认知逻辑的虚构性“新奇”。

之间的转化、结合，通过具身性[1]（embodied）和涉身性[2]（embedded）体验，促使观众对健康知识、技能、理念、行为的习得，激发观众对科学技术的意识、兴趣、理解、意见的过程。具体而言，科技馆展项通过感官式装置展示实现知识的物质性生成，通过模型式体悟展示实现技能的具身性生成，通过场景式艺术展示实现理念的涉身性生成，通过游戏式媒体展示实现行为的抽象性生成。

1. 以感官式装置展示实现知识的物质性生成

健康知识是抽象的，学校正规教育往往是通过书本上的文字和教师的讲解来实现知识的传播与学习，这也构成了观众对健康知识的传统认知模式。科技馆展项将抽象知识进行形式上的异化，成为具有物质性的装置，使健康知识获得实物载体的同时具有了与观众对等的主体性，调动观众视、嗅、触、听等多感官交互体验。通过知识的“感官化”表达，来表现知识的感官特征，并揭示科学装置作为人类感官拓展的重要认识论意义。通过基于多感官交互的创意设计，实现健康知识的传播，丰富观众的健康知识。

例如，战疫——抗击新冠病毒专题展设计了“看得见”的病毒传播和打喷嚏两个展项，即视觉和触觉两种感官式装置来实现对病毒的传播这一健康素养知识的科学传播：观众用手接触投影幕，代表病毒的多媒体元素随即爬向人体，并大量复制、增多，以此表现病毒性传染的机制；观众打开口罩，卡通人物打喷嚏排出的带病菌的“飞沫”就会四处飘散，扩散到观众身上，以此表现病毒通过飞沫传播的威力。又如，广东省食品药品科普体验馆设计了冰激凌与食品添加剂等展项，设置嗅觉、视觉装置实现识别不同食物香味、色泽相关知识的科学传播：观众转动盖子、凑近闻香味，移动滑块、为冰激凌上色，在闻到各种香甜的味道、看到各种鲜艳的色泽后，回想这些带给冰激凌美好感官体验的其实是食品添加剂（香精、着色剂），并进一步学习食品添加剂相关知识。

2. 以体悟式模型展示实现技能的具身性生成

与健康知识相比，健康技能的内容既是抽象的，同时又是基于身体经验的，亟待以科技馆展项为媒介，实现身化转化，彰显其具身性特质。科技馆展项通过模型化变形对健康技能进行异化，促使观众与模型产生互动，

---

① 具身性（embodied）：指认知活动与作为物理实在的人的身体，即身体体验密切相关的特性。

② 涉身性（embedded）：指认知活动与作为物理实在的外世界——生活世界，即沉浸体验密切相关的特性。

更加广泛和深刻地向观众传递健康技能中程序性、逻辑性和模式性的内涵，以体悟化的创意设计来回应健康技能的具身性。从“体悟”这种接受主体感知的最终升华层面来表达健康技能中技巧、匠心、工艺等重要元素，并将这些重要的技能元素融入展项的形式设计之中，塑造观众的健康技能。

广东省食品药品科普体验馆对于食品、药品、化妆品的制作工艺/技艺通过体悟式模型的形式，结合观众的身体体验，完成了具体的健康技能的科学传播：例如，在白酒的酿造展项中，观众通过转动手柄操控模型进行原料粉碎、按压脚型手柄操控模型踩曲、推动铲手柄操控模型完成加曲加水、推动迷你蒸笼旁的水桶操控模型出缸蒸酒。又如，在魅力口红展项中，观众通过搅动手柄、混合搅拌口红原料，触摸“色粉球”选择口红颜色、触发色浆研磨，拉动操作杆、将口红溶液注入模具，拉动操作杆、将口红脱模，转动手轮将口红转出、触发口红的检验过程。无论是手工工艺还是生产工艺的习得，都是根植于操作者的身体体验，才能逐渐上升为经验性技能，通过将健康技能还原至其生成的原生语境，还技能以具身性，并通过体悟实现健康技能的科学传播。

3. 以场景式造型展示实现理念的涉身性生成

人类生命是开放的、功能强大的自组织系统，具有自发地走向有序结构目标、达到健康身心状态的功能，稳态失调、失稳则会表现为疾病。食健养和、生命至上、绿色低碳等健康理念是健康素养中最为抽象的，也是最难以表达的。通过科技馆展项与布展造型设计，以场景激发和情感共鸣的展示手法实现了健康理念的文化转向，促使观众与展项、布展发生涉身性交互，通过科技馆展示中的美学表达，以审美激发的情感作用来培养观众对健康理念的关注，培养观众的健康理念。

场景式造型往往采取超越人类视角的艺术化大型雕塑或布展营造一种沉浸式的涉身性氛围，从而以有形的场域烘托无形的理念、精神，通过隐喻、共情、通感、移情等审美机制实现健康理念的科学传播。例如，广东食品药品科普体验馆的“药剂天下”展区设计了以高耸至顶的历年诺贝尔奖展墙、概念实验台、架满了镌刻西药品名的试管墙构造的概念医学殿堂，寓意西医发展历史与研究之艰及科学求真精神。又如，作为序厅的食药之窗通过流动维度、具方向感的悬空漂浮信息带、半开敞的“窗扇”主题空间，得以窥见食药如何发挥积极作用，同时也体现内—外、亏—盈，强—弱、养—医等微妙平衡，诠释生命体与自然的交互及现代健康医学的与时俱进，增强观者对人体健康奥秘的认知。再如，战疫——抗击新冠病毒专题展以“方舱医院”为概念原型进行布展设计，通过采用模块化展架和通透材质图文，组合堆叠，模拟营造“方舱医院”氛围，观展时宛如置身方舱，感受万众一心、舍生忘死的抗疫精神。

4. 以媒体式游戏展示实现行为的抽象性生成

科技馆展项以“成为他者”异化认知为原则，将具体的个体健康行为条理化，抽取其中的共性特征，进行抽象化处理，以多种数字化的媒体形式在展示界面中加以呈现，以多种虚实结合的展示形式①[17]在交互界面中加以表达，以游戏这种能让人向着健康方向发展的、人类最基本的认知世界的方式调动观众参与互动，或以竞赛的方式调动多主体参与互动，通过游戏者的动作、语言、表情的变化，使之获得快乐，在体味愉悦感的同时伴随对正确健康行为的养成与习得。

例如，低碳 & 新能源汽车科普体验馆的碳减排机器展项将个体低碳行为转化为节约用水、绿色出行、垃圾回收、灯光节能、环保室温 5 个典型主题的多媒体减碳游戏和空气炮射击碳靶的实物碳减排游戏，观众成为游戏者，收获多媒体和实体游戏带来的愉悦，在游戏中模拟践行低碳健康行为。又如，战疫——抗击新冠病毒专题展的洗手展项，将洗手这种人体的日常行为设计成虚（手形投影屏）实（洗手台、水龙头）结合的游戏，观众将手放在检测区，手形投影屏上会展示检测出的观众手上的大量病毒和细菌，观众将手放在水龙头下面按照正确洗手的步骤模拟洗手，投影屏上的病毒和细菌也会不断减少，通过在游戏中模拟正确洗手行为减少病毒的侵入来实现健康行为的科学传播。又如，广东省食品药品科普体验馆的食物竞赛展项将平衡身体活动量与食物摄入量的日常个人健康行为以比赛的形式加以展示，在一块田径运动场的起跑线的不同赛道上摆着苹果、薯片和豆浆，观众转动摇柄让它们“跑”起来，不同食物的热量不同，观众会发现把薯片送到终点线要比把苹果送到终点线困难得多，从而体会到食入高热量食物，需要做更多的运动才能达到摄入与消耗的热量平衡这一健康行动的科学内涵。

---

① 郭羽丰在《虚实结合类展示技术在科普教育中的应用》一文中结合广东省食品药品科普体验馆等广东科学中心新建/更新改造展馆展项，将虚实结合类展示技术的展示形式分为实体互动装置 + 显示屏/投影、异型实体模型（白模）+ 3D 投影（3DMAPPING）、实体场景 + 投影、实体道具 + 透明屏、实景造型 + 幻影成像 / 全息投影、虚拟现实（VR）/ 增强现实（AR）/ 混合现实（MR）等种类，笔者表示认同。

四、结语：科技馆展项“存”与“在”的赋格

在“后疫情”时代，广东科学中心通过展项设计回应社会需要，与时俱进、开拓创新，建成了一系列提升公众健康素养的展馆/展览，实现了基于展项创新导向的科技馆的持续发展，通过“生成他者”的异化认知模式促进了健康素养的科学传播与普及。该认知模式又与广东科学中心近年来展馆建设实践中体现的主题演进模式（图3-2）产生了呼应与共鸣。不管是展项认知模式，还是展项演进模式，都凸显了具身和涉身的重要性：科学内涵通过展项得到了具身与涉身的展项化转化，观众通过展项得到了具身与涉身认知，展项通过具身与涉身也获取了自身的“存”与“在”。

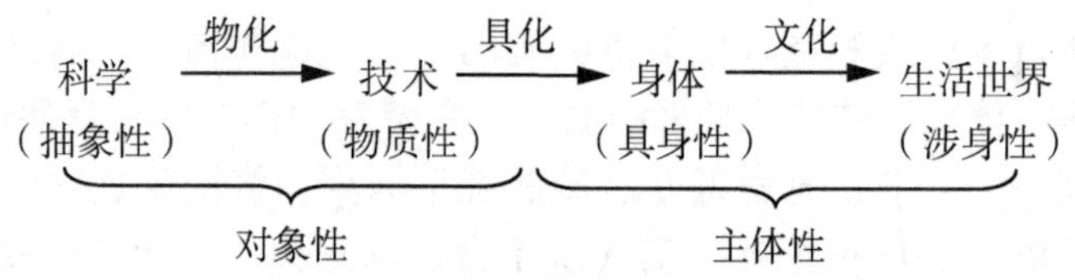

图3-2 科技馆主题演进的异质生成模式①

具身强调了个体身体的“存”、涉身强调了个体身体的“在”，上述具身与涉身的多重复合就形成了“存”与“在”的赋格，② 展现了科技馆展项在多重维度中的延异，及由此带来的意义的生成和科学传播效果的达成。如果展项研究只是就设计经验的关系而谈论展项，那么展项并不指创造活动或鉴赏活动的情绪状态，更不指在展示活动中所实现的某种主体性的自由，而是指展项本身的存在方式。因此，必须成为科技馆展项研究者思考对象的，是设计经验以及由此而来的关于展项的存在方式的问题。因为展项具有一种独特的本质，它独立于那些从事展项研发、设计、制作、参观、

---

① 从历时性分析，广东科学中心展览建设主题呈现了从抽象科学到物化技术（“走近诺贝尔”展到“科学观察工具展”），从物化技术到身化技术（更新改造汽车馆到广汽新能源汽车馆，更新改造绿色家园到低碳科普体验馆），从身化技术到涉身技术（食品药品科普体验馆建设），采用科普主题异质生成模式实现演进创新。就科技馆主题演进的异质生成模式，笔者将另行撰文展开详述。

② 赋格是盛行于巴洛克时期的一种复调音乐体裁，乐曲开始时，以单声部形式贯穿全曲的主要音乐素材称为“主题”，与主题形成对位关系的称为“对题”。之后该主题及对题可以在不同声部中轮流出现，主题与主题之间也常有过渡性的乐句作音乐的对比。

讲解的人的意识。展项的主体不是人，但展项须通过人才能得以表现。科技馆展项研究应更加关注展项本身的价值与存在方式，更多关注其主体性，从科技哲学视角深化对科技馆展项的研究。

参考文献：

[1] ROOTMAN I, RONSON B, et al. Literacy and health research in Canada: where have we been and where should we go [J]. Canada journal of public health, 2005 (96): S62.

[2] Ad Hoc Committee on Health Literacy. Health literacy: report of the council on scientific affairs [J]. American medical association, 1999 (281): 552 - 557.

[3] SPRENGER M, KICKBUSCH I S, MAAG D. Health literacy: towards active health citizenship [M]. Sprenger M. Public Health in Osterreich and Europa. Graz, Austria: Festschrift Horst Noack, 2006: 151 - 158.

[4] KWAN B, FRANKISH J, ROOTMAN I. The development and validation of measures of "health literacy" in different populations [M]. Vancouver, BC: University of British Columbia Institute of Health Promotion Research and University of Victoria Centre for Community Health Promotion Research, 2006: 46.

[5] LAUGKSCH R C. Scientific literacy: a conceptual overview [J]. Science education, 2000 (84): 71 - 94.

[6] CAROLYN S. Health literacy: concept analysis [J]. Journal of advanced nursing, 2005 (6): 633 - 640.

[7] U. S. National Library of Medicine. Current bibliographies in medicine [EB/OL]. http://www. nlm. nih. govpubscbm hliteracy. html.

[8] World Health Organization. Division of health promotion, education and communications health education and health promotion Unit. Health Promotion Glossary [M]. Geneva: WHO, 1998: 23.

[9] 国家卫生计生委宣传司.《中国公民健康素养——基本知识与技能(2015年版)》发布 [EB/OL]. (2016 - 01 - 06) [2021 - 03 - 16]. http://www. nhfpc. gov. cn/xcs/s3581/201601/e02729e6565a47fea0487a212612705b. shtml.

[10] DAVID W, BAKER M D. The meaning and measure of health literacy [J]. Journal of general internal medicine, 2006 (21): 878 - 883.

[11] 龚雪辉，郁振一. 中国青年报. 抗疫表彰大会，习近平首次阐述伟大抗疫精神 [EB/OL]. (2020-09-09) [2021-03-16]. https://baijiahao.baidu.com/s?id=1677342926154389582&wfr=spider&for=pc.

[12] FINN S, O'FALLON L. The emergence of environmental health literacy: from its roots to its future potential [J]. Environmental health perspectives, 2017, 125 (4): 495-501.

[13] MARSILI D, COMBA P, DE CASTRO P. Environmental health literacy within the Italian asbestos project: experience in Italy and Latin American contexts [J]. Annali Dellistituto Superiore Di Sanita, 2015, 51 (3): 180-182.

[14] 中华人民共和国生态环境部. 关于发布《中国公民生态环境与健康素养》的公告 [EB/OL]. (2020-07-24) [2021-03-16]. http://www.mee.gov.cn/xxgk2018/xxgk/xxgk01/202007/t20200727_791324.html.

[15] 朱幼文. 创新展品的设计思路与制度性制约因素 [J]. 科普研究, 2011 (2): 71-76.

[16] 唐剑波，杨洋，张彩霞. 我国科技馆展品创新现状及评价标准的分析与探讨：基于第一届全国科技馆展览展品大赛获奖作品 [J]. 科普研究, 2019, 14 (2): 24-31, 40, 105-106.

[17] 郭羽丰. 虚实结合类展示技术在科普教育中的应用 [J]. 科技传播, 2019, 11 (16): 155-159.

第三节　科学中心新媒体环境下的科普传播模式

摘要：科普传播极度依赖媒体传播，新媒体的发展给科普传播带来了新的发展机遇，发挥了重要的作用。新媒体传播环境下的科普传播需要有全新的思维和方法论。本文研究新媒体环境下科普传播的作用机制和内在逻辑，基于新媒体开展科学传播的 SWOT 分析，提出新媒体环境下科普传播的政策建议策略和方法论。

关键词：科普传播；新媒体；微信；情报研究

以微信主导的新媒体的爆发式增长，带来了新媒体类型和规模的裂变。新媒体的发展之所以对传统媒体具有较大的冲击作用，其核心的原因在于其改变了社会信息传播的根本模式，而引发传播媒介的颠覆式变革，只是这一过程的必然结果之一。目前，以微信为代表的新媒体传播形式已在各个领域广泛应用，并逐渐渗透到人们的日常生活中。专业科学网站、传统科技媒体、科研工作人员在“互联网+”时代也相继注册、开通微信公众号，尝试借助微信来提升科普传播效果。本文试图系统性分析新媒体的作用和传播机制，并以实践案例为依据，提出基于新媒体开展科普传播的策略和方法论。

一、新媒体研究对科普传播的作用和影响

（一）适应新要求：加快提升全民科学素质，亟须科普增速提效

科技创新是提高国家综合竞争力的关键，而科普传播是科技创新的前提和基础。在全国科技创新大会上，科技创新与科普的重要关系作用被提升到了国家战略高度层面，即“科技创新、科普传播是实现创新发展的两翼，要把科普传播放在与科技创新同等重要的位置”。这充分说明，科普传播贯穿于科技创新的整个生命周期，与科技创新处于协同发展的两翼。科普传播对创新驱动发展战略具有重要的战略意义和实践作用。加大科普传播离不开传播媒介的创新，研究建立以新媒体传播为创新方向的科普传播新模式，探究其方法论和实践策略，具有重要的现实意义。把握移动互联网快速发展良好契机，借助微信新媒体创新科普传播模式，是提高科普传播效果、提升公民科学素质的必然选择。

（二）满足新习惯：适应媒体传播格局重构，亟须科普方法改革

科普传播离不开媒体。随着移动互联网技术的飞速发展，以微信为代表的新媒体正在深刻改变着人们获取知识信息的方式与途径。新媒体的不断涌现与受众习惯的“移动化”“多元化”“个性化”趋势，给现有科普传播模式提出了新的时代命题，充满机遇与挑战。

如今，微信已成为普通大众参与度极高的新媒体形式。微信所打造的囊括基础平台、开放平台、微信支付、O2O 等延伸业务的大平台，构建了一种新型的 SoLoMo 生态圈，传播模式已由传统的点对点、媒介对媒介的独

立传播，变成了包括内容、社交、价值观为一体的整合传播，在传播中形成了传播主体高互动性、传播受众高接受率、传播内容高私密性和便利性、传播渠道高到馆率、传播效果高曝光率的优势。这些特点与科普传播的特性完全吻合，为科学传播突破传统传播环境下发展缓慢、效果不佳的瓶颈，提供了极为有利的帮助。[1]正因为如此，微信已成为当前科普传播必选的传播渠道。基于微信新媒体开展科普传播，已是大势所趋。

（三）探索新发展：关注个性化科普需求，亟须科普模式创新

根据 Shapin 提出权威解说（canonical account）的科学传播模式，科普传播的构成是“科学 - 媒体 - 公众”，科普传播与媒体属于两个独立的角色，存在“科普人不懂媒体，媒体人不懂科普”的矛盾。科普如何做到用户心中，在受众当中取得实效，这个问题一直以来都没有得到较好的解决。然而，新媒体的诞生和快速发展，彻底颠覆了传统媒体的传播局面，直接冲击并迅速改变了科普传播窘迫的困境。同时，新媒体传播最具个性化的特点，直接与科普传播的本质需要直接吻合。[2]新媒体与科普传播的融合，直接激发了公众作为科技创新和科普传播受益主体的话语权，并迅速提供了强有力的传播工具包和策略包。通过新媒体的创新传播，科学技术的传播由原来的单向传播、灌注为主的传播模式，转变为交互二次传播、主动获取的新模式。科普传播借助新媒体具有联系生活的重要传播特征，传播结果直接反映到受众的生活当中。融合运用好新媒体的优势，科普传播将更加受公众欢迎，提高公众科学素质的工作才能真正获得实效，科普传播最终也将取得更大成效而实至名归。

二、科普新媒体研究的实践内容

新媒体环境下科普传播发生了深刻的变化，其概念、内容、定义都发生了较大改变。为使得研究工作具有现实意义，本文侧重于从实践层面出发，重点研究新媒体环境下科普传播面临的问题与挑战，以某大型科普场馆（案例对象）4 个官方微信公众号（1 个服务号、3 个订阅号）组成的微信矩阵为基础，开展以下三方面建设和研究：①发挥微信矩阵优势，丰富科普微信形式和原创内容，创建多个科普微信品牌；②运用 SWOT 和 CBBE 理论模型分析大型科普场馆以微信开展科普传播的策略，指导官方微信矩阵的运营；③开展微信科普的影响因素及短期效果测量研究。

立足展览项目和科普教育活动内涵，从“立体化”“相关化”“故事化”等角度，以用户需求为载体，通过“科学中心日”“科普一日游”“科学嘉年华”等线下活动，结合“在线科普”“虚拟现实体验”等线上互动，加大“H5游戏”“科普微视频”“微电影”“科普动漫”等原创科普内容制作，形成“线下活动 + 线上微动”互动机制，架起用户与平台、用户与用户之间的沟通桥梁。依托案例对象所在科普行业的影响力，并通过广东省、广州市两个行业组织进行科普资源整合，以用户为中心，横向和纵向整合各阶段、各节点科普信息数据，建成基于用户个性化科普需求的数据中心，打破服务信息孤岛，建立共享机制，服务线上、线下科普传播决策。

借助微信卡包、摇一摇、微信直播、LBS共享等微信运营工具，提升案例对象科普微信矩阵下科普一日游、科普四进、科普讲坛、科学表演秀、科学创作发明大赛、创意机器人、科学影像赛等科普品牌影响力。尤其是借助微信卡包（会员卡）工具，以用户数据中心为支撑，使科普传播取得级数增长的成效，全面提升科普微信矩阵的影响力。通过调查问卷和深度访谈等形式，运用SWOT模型提出微信矩阵下科普传播的影响因素模型，为科普场的微信矩阵运营提供对策；将CBBE模型（基于用户的品牌资产理论）应用到微信矩阵中，从构建品牌的六个维度（显著性、绩效、形象、评判、感觉、共鸣）探求科普传播与微信融合的一般步骤，并结合阶段性成效，总结不足之处，以期探求移动互联时代科普品牌传播的有效路径，并在此基础上总结出基于科普微信矩阵的科普品牌传播的一般策略与建议。

三、基于新媒体开展科学传播的SWOT分析

在以移动互联网为主要技术变革为背景的社会媒体发展新时代，以微信、微博、客户端等为代表等多种传播媒体的爆发式诞生和迅速推广，深刻地改变了人类接受信息传播的习惯和方式，新媒体环境下，社会信息的传播和交换方式、渠道、工具、对象、形式都发生了非常巨大的变化。科普传播的内容和价值观念也随着技术的变化而变化。随着智能终端的广泛应用，科学传播获得全新的发展引擎，“呈现出参与主体多元化、传播关系复杂化、社会功能高级化、传播途径多样化、传播媒介泛在化的新特点。新媒体使得科普的传播主体更加宽泛，越来越多的机构、组织和个人参与到科学传播中来，在科学传播领域传统媒体不再一枝独秀，科普场馆自带流量属性的重要特征，在新媒体环境下迎来了科学传播的重大机遇，同时也面临着更多全新的挑战，科普场馆的新媒体科学传播面临许多问题和挑战。本研究应用SWOT分析方

法，从内部优势、劣势，外部机遇、威胁对困境的成因进行分析、梳理，旨在找出破解的途径和方法，进而提出可供借鉴的发展对策。

（一）优势因素（S 因素）

1. 完善传播保障机制和组织架构

案例对象四大功能之首就是科普传播，从建设到运营，加强传播和宣传是一贯重要的工作内容，内部组织架构已经把科学传播的触角延伸到了各个业务领域和品牌形象的绝大多数层面，与社会公众和传统媒体已经形成了较好的传播互动机制，以成熟的传播运营机制为案例对象为开展广泛的科学传播提供了建设理论和组织保障。

2. 丰富原始科学传播资源

科普场馆是科学与公众连接的重要中间点，连接着科研机构、科技社团以及广大科学家、科研工作者以及一线科技人员。同时，环亚太科技中心协会、世界科学中心协会和国际博物馆协会等国际科研机构或者国外科技社团有广泛的交流、合作，并发起成立了广东省科技馆研究会、广州科普联盟两大平台，能够获得许多前沿的科技信息。科学家和科技工作者是科学传播的核心资源，科协聚集的众多科技人才，为各类科普活动的传播提供了巨大的内容来源，随着更多科学从业者的加入，新媒体环境下的科普传播也更具有影响力和公信力。

3. 参与科普传播政策拟定和实施

案例对象是科学传播的重要一环，主要辐射广东省内地区的社会公众，在国内科技馆行业和科普传播领域具有较高的话语权，并面向全球化科学传播行业，在国内科学传播界有一定的引领作用。组织科普传播公众者参与国家、省市科学技术政策、法规制定是科学中心的重要职能任务之一。对科技政策的影响力和具有一定的话语权，使科普场馆站在了新媒体科学传播的政策源头，能较早获得相关信息，把握政策动向，抓住发展机遇。

4. 丰富的科学传播经验

科普场馆是目前科普传播的主要阵地，其在长期的科学传播活动中积累了大量的实践经验，具有差异化的传播策略和方法论，在传播工具多样性方面也有较大实力和优势，具备足够的能力，采取不同方式，将科学技术知识、科学方法、科学思想和科学精神传播给各类群体和组织。在传统媒体中的受众需求分析、传播方式分析等方面都有深入系统的研究，并积累了丰富的经验。这些经验和资源在新媒体环境下可发挥更大的作用，并可成为新媒体科普传播的重要能力池，源源不断地输出科普传播新模式。

（二）劣势因素（W因素）

1. 科学传播观念落后

虽然新媒体受到越来越多的关注，但并未引起管理者的足够的重视和正确理解。同时，由于管理者对新媒体传播特性、传播理论缺乏了解和把握，因此新媒体科学传播的优势尚未充分发挥出来。管理者缺乏与新媒体科学传播相适应的思想观念、管理理念和专业知识，成为案例对象系统推进新媒体科学传播的一块短板。

2. 新媒体传播人才短缺

新媒体对传统媒体的颠覆是巨大的，作为移动互联网快速发展的衍生物，新媒体的人才培养机制远远比不上传统媒体系统、完善，缺乏相应的学科理论、课程体系、培养实践等正规教育的系统支撑。同时，新媒体本身较强的技术属性特点，也使得新媒体人才具有较大的跨界特点，某种程度上不能以先行的学科分类标准划分归属、制定培养课程，新媒体人才培育的教育体系还没完全建立起来，目前仍处于探索阶段，因此，新媒体人才面临短缺的问题不可避免。而在科普传播领域，新媒体需要与行业结合才能真正发挥其优势和作用。但是，新媒体科普创作人员对新媒体技术不熟悉，作品很难做到既符合科学传播作品通俗易懂、形象生动的基本要求，又满足新媒体技术的表现形式，使作品真正适应不同媒体平台、不同受众对内容和个性化服务的需求。另外，新媒体传播要求技术人员具备相应的计算机或者通信技术专业背景。总的说来，科普场馆新媒体传播人才面临着专职人才数量不足、水平不高，兼职人才队伍不稳定，作用没有完全发挥的困境。

3. 新媒体科学传播产品市场竞争力不足

新媒体之所以得以快速发展的主要原因之一就是其传播的可见性。这与传统媒体（电台、报纸）“只发布，看不见”的性质有显著的区别。新媒体赖以生存和发展的关键就是其传播的质量和效果，后者可实时通过技术计量指标反馈到发布端，同时，结合新媒体社交的属性，新媒体传播效果具有量化、可视评价指标支撑。但是，在科普场馆中由于传播观念的落后，目前主要仍然是希望依托报刊、电台、网站等渠道进行新闻传播，相对而言，其新媒体科普传播方面的竞争力较为不足。这与科普场馆传播内容单一、千篇一律、同质化、八股化，形式单调缺乏融媒体、互动等，形式单调等原因有关。

（三）外部机遇（O 因素）

一是国家政策支持和公众理解随着移动互联网技术的快速发展，这些年国家对于新兴技术给予的大力支持和培育，无论是政策、市场环境、人才机制、经济投入等方面都加大了支持力度，同时，科普的重要作用获得社会广泛认可。新媒体的发展成为科普传播突破发展瓶颈、传播瓶颈的重要历史机遇。抓住这一重要机遇，把新媒体应用到科学传播中，有利于进一步扩大科普场馆在科学传播和公民科学素质提升领域的影响力，在科技发展方面更好地履行职能，发挥更大的作用。二是公众需求爆发和传播包容。互联网技术的蓬勃发展，社会网络化程度的提高，移动互联网网民数的增长，为新媒体发展成为新型科普传播载体创造了重要的条件。新媒体低门槛、高效益的传播特点，打破了传统媒体下科学传播的时空界限，降低了公众知晓科学信息、参与科学传播的门槛，激发了公众对科学的兴趣，使公众对科学知识的需求大幅上涨，为新媒体科学传播发展开拓了广阔的空间。

（四）外部风险（T 因素）

非市场化运营机制科普新媒体科学传播的发展。科普场馆公益属性和功能定位，决定了其不具有充足的资金储备，也较难获得较大的政府资金投入。尤其在传播这一特殊领域，一般的资金投入都是杯水车薪，取得的传播效果也非常有限。即使是市场化成熟的行业领域，一般传播推广的投入都是巨大的，同时也没有封顶上限。近年来，政府在新媒体科学传播方面投入了大量资金，并且这种投入仍呈增长态势。然而，随着新媒体科学传播项目的激增，巨额资金分摊到具体的项目上已是杯水车薪。一般科普场馆在建设之初主要由财政经费投资，但项目建成后，随着政府投资方向的调整，注资力度会减弱，单靠争取政府项目经费，已不能满足新媒体科学传播的发展需求。寻找新的融资模式和运营模式，成为降低科普新媒体传播风险的重要抓手。

（五）开展新媒体科学传播的战略

在以上内部优势、劣势，外部机遇、风险分析的基础上，按照 SWOT

分析步骤，形成了案例对象开展新媒体科学传播的 SO（增长型战略）、WO（扭转型战略）、ST（多样化战略）、WT（防御型战略），见表3－1。

表3－1　开展新媒体科学传播的战略

战　　略	优势（S） ①成熟传播保障机制和组织架构 ②丰富原始科学传播资源 ③参与科普传播政策拟定和实施 ④丰富的科学传播经验	劣势（W） ①科学传播观念落后 ②新媒体传播人才短缺 ③新媒体科学传播产品市场竞争力不足
机遇（O） ①国家政策支持 ②公众对科技信息的需求 ③新媒体为深度传播带来了机遇 ④新媒体为科学传播拓宽了空间	SO 对策（增长型战略） ①丰富传播内容和传播形式 ②拓宽传播渠道，延伸传播链 ③完善社会动员机制和保障体系	WO 对策（扭转型战略） ①增强新媒体科学传播意识 ②优化广东科学中心新媒体科学传播人才结构 ③加强新媒体科学产品推广
风险（T） ①非市场化运营机制制约广东科学中心新媒体科学传播的发展 ②多元化主体的进入或削弱广东科学中心在新媒体科学传播中的优势 ③伪科学的泛滥影响了公众对新媒体科学传播的信心	WT 对策（多样化战略） ①整合资源，创新传播机制 ②打造广东科学中心新媒体传播品牌，提升竞争力 ③建立新媒体科学素材库，提升新媒体科学传播	WT 对策（防御型战略） ①优化资源配置，增强原创、热门科普资源开发、创新 ②增强公众品牌认知度 ③提高新媒体科学信息质量

1. SO 对策（增长型战略）

开发符合新媒体技术特征和传播规律的科学传播产品，建立科普场馆新媒体科学信息的公信力与权威性；在语言上摒弃灌输式的语言风格，加强互动；在表现形式上充分发挥新媒体的技术优势，增加图片、视频、游戏、社交平台、物联网等技术在新媒体科学传播中的应用比重，提升科学信息的趣味性。拓宽传播渠道，加强与电视台、广播电台、报纸杂志以及知名网站的合作，建立以新媒体为主渠道、多种传播渠道并存的科学传播体系；利用户外广告、公交广告等广告媒介，借助他们的平台和资源，展开科协的新媒体科学传播产品宣传，提高公众的知晓率；抓住移动终端快速发展的机遇，利用和借助现有的传播渠道，运用社交网、微信、微博等进行科学传播；增加用户体验、参与的内容，开展线上、线下交流，调动公众参与科学传播的热情。通过建立原创开发、经济激励、舆论导向、传播技能培训等机制，调动社会力量，特别是科研人员、科技工作者参与新媒体传播的积极性，为新媒体科学传播提供必要的机制保障。

2. WO 对策（扭转型战略）

以新媒体运营团队为重点，加强新媒体科学传播相关政策、文件的学习，提高对新媒体科学传播重要性、必要性的认识，转变思想观念，拓宽发展思路；开展新媒体传播基础知识培训，学习新媒体传播的基本原理、传播特点和传播规律，了解新媒体科学传播发展趋势。[3]加强人员培训，发展新媒体科学传播兼职团队，优化科协新媒体科学传播队伍。借鉴现代企业管理营销理念和营销技巧，通过线上、线下结合、打造 IP，借助大型品牌活动等方式，引起公众的兴趣和关注，树立案例对象新媒体科学传播的品牌形象，提高品牌影响力。

3. ST 对策（多样化战略）

充分运用市场机制，整合各方资源，形成优势互补、良性互动、持续发展的新媒体科学传播产品供给模式，推动新媒体科学传播公益化与商业化优势结合。打造具有案例对象特色，能够发挥案例对象独特优势的科学传播品牌，提升产品核心竞争力，避免同质化问题加重。按照分层分块建设，集成共享的思路建立新媒体科学传播素材库，建立作品使用规范，满足不同场景、不同群体的科学传播信息需求，引导社会力量参与原创开发，保证素材库的可持续发展，促进资源的开发集成与共享。

4. WT 对策（防御型战略）

加强对新媒体科学传播建设的总体规划和宏观指导，有计划地推进新媒体科学传播项目的实施，引导项目向重点业务和重点活动发展，提高新媒体项目管理的科学性与规范性，进一步提高新媒体科普传播资源的分配和设置，以全新的思维模式打造内容、技术、营销、服务等各大板块内容的优势，突出科普场馆的独有资源优势，发挥其在先进科学技术传播和实践方面的作用。利用好科普场馆现有的科学传播资源和科普基础设施，开展密集的宣传推广；在“科普四进”“科技周”等大型群众性科学传播活动中，增强新媒体科学传播产品的宣传。对场馆一线科普工作人员开展新媒体传播培训，引导、鼓励原创力培养，使新媒体科学传播产品真正被公众接受和应用。

四、下一步开展新媒体矩阵运营的建议

一是改变新媒体环境下传播思维方式和新媒体管理机制，将围绕职能属性和立馆之本与公众科普需求深度匹配相结合，摒弃传统的“只管发，不管想”的媒体传播理念，将用户体验理念贯穿于传播的全流程当中，以用户所想所虑为风向标和操作盘，及时更新传播内容和形式。二是主动创造热点推广品牌，改变传统媒体时代受制于传统媒介资源限制而只能选择性发布重大行政行业资讯、品牌形象活动信息等具有一定社会影响力的选题方式，进一步增加观众喜欢、观众关心、与观众相关的活动资源信息。对于一般的与公众无关的资讯类信息，新闻选择性淡化，要善于打造民众关心、对民众有直接联系的“热点”，用“热点”带“冷点”，重点打造服务和产品，以科普服务和科普产品作为传播口的主要输出内容。三是更新传播方法论。彻底摒弃灌输式品牌推介做法，让受众以背书的形式记住品牌的传播做法在新媒体传播时代并不能产生预期成效，甚至还适得其反，因与用户体验理念冲突而导致品牌受损。与其通过“标杆事件”让受众背书记住品牌，倒不如增加投入打造更多优质产品和服务让受众获益后主动接触和感知品牌。相对而言，新媒体背景下传播的成本和门槛都降低了很多，传统媒体时代科普传播是进门困难出门容易，其评价的重要指标就是能不能进门“发得出去”；新媒体环境下科普传播则是进门容易出门难，其成效的重要指标已不再是进门“发得出去”，而变成了出门是否有益。四是整合内部资源，打造多元化的传播渠道。新媒体与传统媒体的融合发展，关键是要打造多元化的传播渠道。在PC端、移动终端等各个平台，一方面注重建设符合自身特点的专属平台；另一方面则是与强势渠道的强强联合。双管齐下，实现内容与渠道的优势互补，最终掌握先机。针对特色内容，以易于传播的音视频产品为主打，多平台传播呈现，扩大影响力。

参考文献：

[1] 张天然. 传统媒体新闻传播发展现状及应对策略［J］. 中国报业，2014

(11)：8.
[2] 冯剑. 新媒体冲击下传统媒体的困境和发展 [J]. 新闻研究导刊，2014 (13)：161 -162.
[3] 谢小军. 我国科普工作面临的形势和挑战 [J]. 中国科技信息，2012 (22)：51 -52.

第四节　科学中心应急科普展览策展进阶模式

摘要： 以新冠肺炎主题展览的策展为考察对象，探索科技馆在应对当下热点现象进行策展时的响应策略，引发思考开拓现在的策展形式，提出应对现在进行的内容题材的展项进阶模式，分别对应科学传播的公众接受科学、公众理解科学、公众参与科学三种形态，在此基础上提出下一阶段的展项策展模式应为寄身性和思辨性展览，并提出与之相对应的公众与展项之间的互构范式，对提升科技馆展览的时效性做出了基于实证的模式分析，丰富了应急科普的形式，对应急科普展项媒介矩阵平台研发机制进行了有益的探索。

关键词： 应急科普；科技馆；科学传播；新冠肺炎；展示模式

一、引言

新冠肺炎疫情牵动亿万人民的心，在疫情防控过程中，应急科普在宣传疫情防控政策、普及疫情防控科学知识、传播正确应对措施、提高人民群众防控意识和能力、增强打赢疫情防控阻击战信心方面发挥了极为重要的作用。作为致力于提高社会公众应对社会突发事件及处置自然灾害的能力而开展的相关科学技术普及、传播和教育，应急科普近年来受到了国家的高度重视。2017 年，科技部、中宣部联合制定的《“十三五”国家科普和创新文化建设规划》中就专门强调了应急科普能力建设问题，要求各级政府针对环境污染、重大灾害、气候变化、食品安全、传染病、重大公众安全等群众关注的社会热点问题和突发事件，及时解读，释疑解惑，做好舆论引导工作。[1]

与此同时，应急科普主体和平台的权威性及时效性依然欠缺。公众的科学素养仍有待提高。应急科普的参与主体一般包括政府、科学共同体、各类媒介和公众。[2]本文提出，在应急状态下，科技馆也可以成为科普应急平台，负责社会热点科学议题的研判与会商、联络协调智库专家开展应急科普供给，并以专题展览的形式将应急科普纳入常态化轨道。以科学传播与普及为己任的科技馆，在应急状态下，应主动作为，勇担应急科普的重任，避免应急科普的碎片化和分散性，形成合力，汇聚科普内容资源，寻求解决当代社会问题和社会冲突的创造性方法，讨论和缓解全球性问题，积极应对当前社会面临的挑战，提供一个让地方性的需求和意见转换到全球语境的平台。针对公共突发事件，提倡构建包括临展、常设展在内的科普展览传播矩阵，通过展项互动，把科学、专业、深奥的内容以观众喜闻乐见的方式传播给更多人，开展基于展览的疾病文化构建与传播，使公众科普需求的表达与科普服务有效对接，开展以科学防疫内容为核心叙事，让观众参与新冠科学，并在科学传播过程中逐步提高全民健康科学素养。

疫情防控期间，广东科学中心充分利用线上、线下科普资源，发挥展项媒介矩阵平台作用，开展系列应急科普，筑起科普抗疫防线，助力打赢疫情防控的人民战、总体战、阻击战。按照响应时间划分，可将科技馆新冠肺炎主题展览的研发大致分为三个阶段：以图文、实物为主要形式的宣教性展览；以布展、模型为主要形式的视觉性展览；以场景、装置为主要形式的互动式、即身性展览。并提出迈向第四阶段以剧场、动态雕塑等为主要形式的沉浸式、寄身性、思辨性展览的构想和传染病/病毒主题常设展项化的设想。

二、以图文、实物为主要形式的宣教式展览

应急科普是针对突发事件，根据公众关注的热点问题所开展的公众科普，其关键是第一时间用通俗的语言发出科学之声，从而消除恐慌，[3]是各级党政机构、媒体等对科普对象的特点以及对广大民众情绪的认知和舆论的把握。[4]应急科普受突发事件驱动，是一种在应急语境下开展的非常态科普活动。[5]以政策普及为主要内容的图文版式应急科普主题展可以对当下正在发生的现在时事件以展览形式做出第一时间的响应。

为更好地向广大公众，特别是青少年学生科普广东省科技在防疫抗疫方面的创新成果和科学知识，广东科学中心推出了“广东科技支撑打赢疫情防控阻击战”主题展，以“科学防治、精准施策”为主题，以防疫抗疫科研和科普为主要内容，以文字、图片和实物展示形式，分为“疫情防控科研攻关”“科技惠企助力复工复产”“应急科普宣传行动”三个板块，展示广东省在疫情防控科技攻关方面取得的阶段性重要成果，和应急科普为公众防范疫情提供的及时指引。[6]

在紧急公共卫生事件等非常状态下，这种单向的宣教式展览依然是必要的，可以让公众迅速获取有针对性的科学知识，但这类以图文版和实物为主要展示形式的展览并不是科技馆展览的常见策展手法，而是为了追踪社会热点，对公众关切的问题第一时间做出快速反应的应急之策。展示形式较为单一，对观众的吸引力较低，科学传播的效果不好，适用于政策宣传类主题的展示。展览虽然涉及广东省在疫情防控科技攻关方面的阶段性重要成果，却没有实现科技成果的科普化展示。观众看到的更多是科技成果名称的罗列和最新抗疫科技产品的外观，这虽然增加了公众的抗疫信息，但由于科技成果的原理、科技产品如何使用等更多信息观众无从得知，不利于观众对新冠科学知识、方法、思想、精神形成更加深入的认知。

三、以布展、模型为主要形式的视觉式展览

应急科普虽然是一种非常态科普，却可以借鉴科技馆常态化科普展览中积累的大量科普资源中能够直接对应突发事件相关知识和技能的部分，在突发事件发生后高效地完成科普内容开发流程，及时、准确地发布具有权威性、科学性的信息。[5]新冠肺炎疫情应急科普的第二阶段可以将以往关于传染病或病毒的主题展示内容和形式框架作为展览原型，在展览原型的基础上进行变形，通过布展和模型等展示形式快速响应当前疫情，研发设计出新冠肺炎主题展，借助科技馆自身的影响力积极正确地引导舆论，帮助观众在各种信息面前做出科学的判断与决策。

以病毒、细菌为主题的展览并不多见，尤其在国内，在新冠肺炎疫情暴发之前，几乎没有此类主题的科技馆展览。国外科技馆以病毒、细菌为主题的展览也不多见。2018 年美国国家自然历史博物馆推出了“爆发：互联世界中的传染病”展览展示我们生存的星球处在前所未有的互联中：通过全球旅行、贸易、技术甚至病毒展览向观众介绍人类如何战胜传染病以及如何抑制病源爆发。观众可以在展览中探求人类、动物以及自然卫生之

间的关联，深入了解不同的个案以及世界各地与传染病对抗者的故事，和流行病学家、兽医、公共卫生工作者以及普通市民一起去发现和响应不同的传染病。展览传递了“健康一体”的信息，即源于人类健康、动物健康和环境卫生是紧密关联的理念。[7] 2017 年，美国疾病控制与预防中心推出了“埃博拉：人 + 公共卫生 + 政治愿景”展览，对 2014—2016 年西非、美国和世界各地历史性流行病进行了观察，展览包括文物、第一人称音频、创新的健康交流材料和纪录片、照片，以对疾病预防控制中心及其合作伙伴的“经验教训”进行了内省式考察，并努力建立一种公共卫生和社会基础设施，以在疾病成为国际公共卫生紧急事件之前征服埃博拉等疾病。[8] 1999 年，美国国立卫生研究院和辉瑞公司联合开发的“微生物：看不见的入侵者，神奇的盟友”巡展在穿越微生物的隐秘世界进行互动之旅，揭开从维持地球生命的生物到威胁我们健康甚至生存的生物的微观生物世界，在交互式展览中体验未见的微生物世界。[9] 香港医学博物馆——非典型性肺炎展览包括 2003 年 SARS 时期，包括暴发、国际合作以查明引发 SARS 的元凶和抗疫英雄；香港的科研人员如何率先辨认出 SARS 病毒，并调查社区爆发的原因；短期和长期的影响和教训；如何避免 SARS 再次爆发四个部分，[10] 开启了国内对于应急科普展览的建设实践。

而近年来更加受到国内科技馆关注的病毒/细菌主题展览原型是“超级细菌：为我们的生命而战”展览，该展览由英国博物馆策划，辉瑞公司、日本盐野义制药株式会社资助，英国研究与创新署、东英吉利大学支持，于 2017 年 11 月开始在英国伦敦博物馆展出，同名中国巡展由广东科学中心联合英国科学博物馆集团共同策划研发，英国惠康基金支持，2019 年 7 月首站在广东科学中心开幕。该展览旨在探索人类对抗生素耐药性这一全球性威胁的应对措施，提升公众对超级细菌及其耐药性的认识和理解。该展览分为微观视野、人类视野、全球视野三个部分，展示超级细菌的抗生素耐药性的生成、延续与影响，呼吁全球社会公众在自身层面上采取行动，齐心协力抗击超级细菌，保护人类健康的未来。[11]

广东科学中心结合疫情和公众科普需求，自主研发了“病毒——人类的敌人还是朋友?”科普主题展览，视角上延续了“超级细菌”微观、人类、宏观的分区布局，从微观到宏观，阐释病毒的相关科学概念、病毒的防治方法和中国抗击新冠肺炎疫情的故事。第一部分“病毒的自白”以第一人称的视角展开微观世界的展项叙事，以病毒的口吻展开“病毒”这位亦敌亦友的“他者”的自叙事。第二部分“病毒和人类的演化博弈”包含个体人类视角和宏观世界视角，讲述人类与病毒旷日持久的演化博弈。第三部分“我们的未来”将时空设置在未来，视角也超越了人类视角，衍化为后人类视角，倡导一种人与动物之间的和谐生态观。

在展示形式上，以图文、视频、小型互动展品、实物（标本、模型）、漫画等为主要展示形式，现场展出包括中华菊头蝠、果子狸标本，以及多种病毒、细胞模型、检测试剂等实物展项。[12]展览布设主要以展墙为主，通过明快的展墙色彩吸引观众前来观展，展墙内嵌多媒体视频设备、模型、多材质展板。这种展墙的设置与绿色家园展厅的“绿色危机”板块更新改造展项的思路风格相仿，突破了图文版的“图文”藩篱，打造多介质融合的叙事墙。展墙不再仅是图文载体，而成为展项叙事的重要组成部分，打破了展墙作为第二图文版的传统设计模式。除文字、数据、图片外，更将实时视频、标本实物等媒介纳入背景墙中，甚至将一些展项直接植入墙体，展墙也由此被赋予了更强的叙事能力，带给观众更多多元化的信息。

四、以场景、装置为主要形式的即身性展览

新冠肺炎疫情应急科普的第三阶段可在历时性和共时性两个维度下延伸新冠主题框架，以创意为核心，以互动为手段，开发的科技馆互动式展览，构建病毒科技文化，并加以传播。见表3－2。广东科学中心“战疫——抗击新冠病毒专题展”是全国首个互动体验型新冠专题展览。整个展览内容层层递进，全方位展示了病毒的知识与危害，新冠肺炎疫情的发展与影响，全民抗“疫”的感人事迹、科学防治以及科技在抗“疫”中的支撑作用，并期望通过疫情警示引起社会反思和促进社会进步。

展览设置“病毒来袭”“共克时艰”“科学防治”“‘疫’情警示”四个分区。“病毒来袭”展区讲述新冠病毒长什么样？病毒有多小？冠状病毒家族成员有多少？新冠病毒可能从哪里来？……“病毒来袭”展区通过提出问题的形式，让公众通过互动体验，系统学习新冠病毒的基本知识、传播途径，并了解历史上的大瘟疫情况。“共克时艰”展区，通过讲故事的方式，和公众一起回顾那段波澜壮阔的时光，讲述了一个个医务人员和基层工作者感人的事迹。“科学防治”展区，从科学防控、诊治利器、科技攻坚三个层面普及新冠肺炎的科学防护、科学诊断和治疗方法，让公众了解科技在这场抗“疫”中的支撑作用，坚定通过科技创新攻坚克难的决心。“‘疫’情警示”展区则通过系列互动展项，让公众学习了解人、野生动物和传染病之间的关系，并反思我们人类的现存不足以及保持自然生态平衡的重要性。

在展览设计上首次大面积采用非接触互动方式，所有按键型互动装置均设计为感应启动，公众无须触碰按键，将手悬空在感应按键上方稍做停留即可启动，人性化设计减少了公众与展项之间非必要的手部接触，降低了公共场所的传染风险，保障了参观公众的健康与安全。有别于静态图文为主的展览，该展览运用了机电互动、体感互动、新媒体交互等展示技术，结合具有视觉冲击性的氛围，营造出沉浸式体验环境，并以“方舱医院”为概念原型进行布展设计，通过采用模块化展架和通透材质图文，组合堆叠，模拟营造“方舱医院”的氛围，使公众在观展时宛如置身方舱，激起情感共鸣。[13]

五、以剧场、动态雕塑为主要形式的寄身性展览

广东科学中心探索了应急科普主题展览研发的“三部曲”路径，开发了三个抗疫展览，分层次、分阶段在疫情蔓延的不同时期推出了不同的新冠病毒主题展，让公众参与新冠科普，在疫情防控中提升了公众的健康素养，增强了公众的抗疫信心，在国内外科技馆行业做出了很好的示范。本文总结了广东科学中心在应对新冠肺炎疫情中进行展项开发不同阶段的策展模式，认为广东科学中心研发的三个新冠科普展览分别呈现了历史上与科学传播缺失模型（deficit model）、语境模型（contextual model）、民主模型（democratic model）相对应的三种科学传播形态[14]：宣教式展览体现了公众接受科学（public reception of science）形态，视觉性展览体现了公众理解科学（public understanding of science）形态，交互式展览体现了公众参与科学（public participation of science）形态，并认为按照展览进阶度而言，策展模式不应止步于此，而应向更高阶的思辨性展览演化，即主题上更加倾向于科技哲学的批判式思考，在展示方式上采用即身性和寄身性的交互式展示形式，以实现公众与科学之间动态互构的新型科学传播模式，即以剧场、动态雕塑等为主要形式的寄身性展览，同时在观众体验层面而言，以感知、体验为主要形式的思辨性展览，实现科学思想的探究化和体悟化，以及科学精神的场景化与艺术化。

四种策展模式对观众的吸引力、观众满意度、对应的科学传播模式、科学传播效果和研发周期的比较分析见表3－2。

表 3－2 应急科普展览模式及特点分析

展览进阶度	策展特征	展示形式	观众吸引力	观众满意度	科学传播模式	科学传播效果	研发周期
第一阶段	宣教式	图文、实物	较低	较低	公众接受科学	较低	较短
第二阶段	视觉式	布展、模型	一般	一般	公众理解科学	一般	中等
第三阶段	即身性	场景、装置	较高	较高	公众参与科学	较高	较长
第四阶段	寄身性	剧场、动态雕塑	最高	最高	公众互构科学	最高	最长

值得注意的是，目前国内没有相关主题的常设展厅，广东科学中心虽然在新建成的广东省食品药品科普体验馆某些互动展项中加入了新冠内容，比如照方抓药中加入了“肺炎一号”配方，但仍未作为常设展馆内容对病毒主题进行开发。如何将病毒/细菌展览常态化，是值得科技馆策展人继续思考的。这方面的先驱是荷兰阿姆斯特丹的微生物博物馆（Micropia），该馆于2014年对外开放，是世界上第一个微生物主题的博物馆，致力于建立微生物学的国际平台，将不同的群体聚集在一起，弥合科学与公众之间的鸿沟，鼓励公众与微生物之间建立更积极的关系，促进对“微自然”进行更多的研究。展览关注微生物在日常生活中的存在，既包括活微生物，又包括微生物的虚拟展示。该馆将生物和虚拟微生物相结合，展示了活的微生物，并且具有媒体扩展功能，使用电影、图片和文字来深入了解微生物与人类的外观，行为之间的各种关系。[15]微生物博物馆策展的即身性和寄身性科学传播是值得国内科技馆在将病毒/细菌主题展览常态化，即开发该主题的常设展览/展厅/展馆过程中学习的。

六、余论

需要指出的是，四种展览模式并不存在优劣之分，具备各自的特点与适用语境，四种展览模式的并置与共存本身就具有重要的意义：基础的“接受科学”、普遍地“理解科学”、广泛地“参与科学”，加上积极地“建构科学”，将营造出有助于普遍尊重科学、崇尚创造的科技文化土壤，公众不断拉近与科学的距离，从旁观到涉入、介入，进而走向融合。思辨性展览的研发周期较长，需要科学共同体的深入参与（在主题架构上需要科技哲学方面专家的介入，在展项设计上需要机电工程人员的参加等），对观众的吸引力强，观众满意度理想，科学传播效果好，值得科技馆作为常设展览进行研发，更为深入地思考疫情现象背后的科技哲学内涵，更为综合地建构并传播疾病/病毒文化。

正如历史学家贾雷德·戴蒙德所言，人类社会的差异来自被各种不同正回馈循环强力扩大的环境差异。[16]每一次疫情来袭，对于人类而言都是一次机遇，正回馈可以促进整个社会乃至人类文明的发展。新冠肺炎疫情来袭给全球科技馆行业带来了一次冲击，国内外科技馆纷纷闭馆，在闭馆期间，大部分科技馆选择不再开发新展览，而采用线上、虚拟的方式开发科普活动、课程，只有少数科技馆采取了更加积极的应对措施，肩负传播新冠科学的重任，在短时间内开发多个新冠主题展，促成了社会应对疫情挑战的正回馈循环，不仅为科技馆应急科普展览的研发提供了实证案例，更为人类社会战胜疫情、向后疫情时代的平稳过渡提供了科学传播层面的有力保障。在“后疫情”时代，科技馆应回顾过去、立足当下、展望未来，实现第四阶段病毒主题思辨性常设展览/展厅/展馆的开发。展项作为实物媒介，将时空压缩，展示给观众，在媒介时空观下，人塑造了媒介，媒介也塑造了人，[17]人与媒介之间存在着互构与解构的多重关系。每次疫情都让病毒/细菌等微生物甚至动植物等非人类的“他者”更加深刻而广泛地对人类社会构成影响，促使人类反思自我与自然的关系。科技馆应更加积极地开展人类与非人类（包括机器、动植物、微生物等）之间的共生、共情、共病、共死的后人文主义展项叙事。

参考文献：

[1] 中央宣传部关于印发《“十三五”国家科普与创新文化建设规划》的通知（国科发政〔2017〕136号）[EB/OL].（2017-05-28）[2020-07-15]. https://www.sohu.com/a/144237803_160257.

[2] 王明，杨家英，郑念. 关于健全国家应急科普机制的思考和建议 [J]. 中国应急管理，2019（8）：38-39.

[3] 石国进. 应急条件下的科学传播机制探究 [J]. 中国科技论坛，2009（2）：93-97.

[4] 童兵.“互联网+”环境下政府应急传播体系再造 [J]. 当代传播，2017（2）：4-9.

[5] 周荣庭，柏江竹. 新冠肺炎疫情下科技馆线上应急科普路径设计：以中国科技馆为例 [J]. 科普研究，2020，15（1）：91-98，110.

[6] 广东科技支撑打赢疫情防控阻击战主题展 [EB/OL]. [2020-07-15]. http://www.gdsc.cn/kxzxsy/lz/202004/t20200409_21053.html.

[7] Outbreak: Epidemics in a Connected World [EB/OL]. [2020-07-15]. https://naturalhistory. si. edu/exhibits/outbreak-epidemics-connected-world.

[8] Ebola: People + Public Health + Political Will [EB/OL]. [2020-07-15]. https://www. cdc. gov/museum/exhibits/ebola. htm.

[9] MICROBES: Invisible Invaders, Amazing Allies [EB/OL]. [2020-07-15]. http://evergreenexhibitions. com/exhibits/microbes/.

[10] 香港医学博物馆"非典型性肺炎(SARS)"展览 [EB/OL]. [2020-07-15]. https://www. hkmms. org. hk/zh/event-exh/exhibitions/.

[11] 中英联合研发《超级细菌》巡展在广东科学中心开幕 [EB/OL]. (2019-07-04) [2020-07-15]. http://www. gdsc. cn/dtzx/zxdt/201907/t20190705_20806. html.

[12] 新展:病毒科普展览正式开放 [EB/OL]. (2020-05-15) [2020-07-15]. http://www. gdsc. cn/dtzx/zxdt/202005/t20200520_21093. html.

[13] 广东科学中心创新互动形式推出"战疫"科普专题新展 [EB/OL]. (2020-08-13) [2020-08-30]. http://www. gdsc. cn/dtzx/zxdt/202008/t20200817_21144. html.

[14] 郭喨. 崭新科普:从理解科学走向参与科学 [N]. 科技日报, 2019-05-13 (001).

[15] ARTIS MICROPIA [EB/OL]. [2020-07-15]. https://www. micropia. nl/en/.

[16] 戴蒙德. 枪炮、病菌与钢铁:人类社会的命运 [M]. 谢延光, 译. 上海:上海译文出版社, 2000.

[17] 北大新媒体. 媒介时空观:是人塑造了场景,还是场景塑造了人 [EB/OL]. (2018-03-16) [2020-07-15]. https://www. sohu. com/a/225734348_483391.

第四章　策展人与展项：表现论域中的展项叙事与展项设计

第一节　走向科学美学的科学中心科普展示设计

摘要：从斯诺的“两种文化”谈起，提出形成科学文化与人文文化的对立和二者之间的鸿沟的根源在于人类二元对立的思维定式。为超越二元对立，从根本上解决“两种文化”问题，提出建立科学与人文的主客体统一场，在该场域中积极开展比较文化和跨文化理论与实践探索，提出广义的“第三种文化”概念，积极建构但包括不局限于社会科学、科普文化在内的“第三种文化”，特别是科学美学，并在科学中心场域中寻求科学美学的具象化科普展示，包括展项、剧场、动态雕塑等科学与人文调和、融通的理论与案例，为解决世界范围内“两种文化”发展不平衡问题，贡献来自科学中心的方案、智慧与力量。

关键词：两种文化；美美与共；主客体统一场；科学美学；科学中心

一、引言

1. 从两种文化、二元对立谈起

1959 年，英国科学家、小说家 C. P. 斯诺（Sir Charles Percy Snow）在剑桥大学开办了题为《两种文化》的讲座，敏锐地意识到了他所处的工业

化社会的一个发展趋势，提出了“两种文化”的重要论断，认为“整个西方社会知识分子的生活”分裂为了两种相互对立、相互排斥的文化，一种是科学，另一种是人文，这种分裂状态成为解决社会问题的障碍。[1]斯诺的这次讲座及后续出版的《两种文化与科学变革》① 及其扩充版《两种文化与第二种见解》在西方世界，特别是文化研究领域引起了巨大的反响，引发了世界范围内对旷日持久的“两种文化”之争，斯诺提出的“两种文化”概念颇具命名力，如今被广泛地用来刻画当代文化危机。

“两种文化”的提出实则旨在谴责当时英国的教育制度，正如李醒民在《走向科学的人文主义和人文的科学主义》一文中描述的，“知识门类的极度分化，在于教育的专门化和文理分科，致使科学和人文的学子和学人鸡犬之声相闻，老死不相往来，最终酿成二者之间的巨大鸿沟”，[2]斯诺认为英国自维多利亚时代过度重视人文学科，而牺牲了科学与工程教育，使得英国的政治、管理和工业精英缺乏适当的管理当代科学世界的准备，与之形成对比的是，德国和美国的学校尝试为其公民提供平等的科学和人文储备，更好的科学教育使得国家的统治者在科学时代更具竞争力。

自“两种文化”提出后的半个多世纪以来，人们已然模糊了斯诺提出“两种文化”的初衷，即对英国和美国、德国等与之竞争的国家的教育和社会阶级系统之间的差异，而将“两种文化”的问题更加广泛地视为科学文化与人文文化之间的鸿沟和不兼容状态，因为这种文化间的割裂现象在科技日新月异的今天仍然存在，并呈现出愈演愈烈的态势，科学主义以“中轴”地位自居，存在于人类各个社会形态，并不断影响人们的行为和思想，特别对人文主义构成了压迫。虽然人文主义与生俱来的精英思想使人文学者对科学不屑一顾，但随着正在进行的电子革命和 STEM（科学、技术、工程、数学）学科带来的与日俱增的压力，他们也不得不正视世界范围内人文学科越发惨淡的现实：在数字和电信时代，人文研究举步维艰，主要依靠通识教育的人文学科必须课在大学和院校中勉强维续。[3]20 世纪 80 年代，德里达曾预言了文学等人文学科的消亡：“在特定的电信技术体制中，整个所谓的‘文学时代’将不复存在。哲学、精神分析学都在劫难逃”，[4]人类社会正在进入“后人文”时代（post-humanist era），传统的人文因为信息化革命而丧失精英地位、陷入边缘化处境。

“两种文化”的对立不单来源于 20 世纪以来教育领域的学科分化与偏

① 2008 年，被誉为当代最杰出的人文性书评及文化杂志的《泰晤士报文学增刊》（TLS）将《两种文化与科学变革》列入“二战”后影响西方公众话语的一百本书之一。

倚，从人类思想史的角度来看，斯诺“两种文化”并非前无古人、后无来者，无独有偶，19 世纪赫胥黎和阿诺德的对话，20 世纪初中国学者丁文江和张君劢的论战所引起的科玄大战等都在不同的时空之维下上演了类似的关于科学与人文对峙与博弈的争论，实则反映了外在的机械文明与内在的文化教养、现代与传统、物质与精神之间的矛盾与冲突，是工业文明发展到一定阶段的必然结果，[5]归根结底，来源于人们长久以来对科学和人文两者差异性的经验性认知以及由此形成的二元对立范式：人们往往认为科学与人文之间存在着理性与非理性、精确与模糊、逻辑与情感、度量与隐喻、计算与想象等的对立。[6]

2. 两种文化的融合：美美与共，和合共生

一方面，科学与人文的融合，从根本上看，需要一种整体性的直觉观，以克服和超越传统的二元对立范式。科学与人文都是人类认识世界的方法和手段，无论是科学还是人文都是人所从事的，[7]秉持求同存异的思想，可以缩小乃至弥合自然科学与精神科学（人文）之间那通常为人哀叹的鸿沟。通常来说，如果将科学描述为研究世界中万物存在的客体场，而将人文描述为研究人类自身存在的主体场，那么科学与人文的融合首先需要建构一个主客体统一场（图 4 - 1）。这个主客体统一场建立的前提是我们能够更好地认识到科学客体场具备的主体性（客体没有独立于观察主体的存在）和人文主体场具备的客体性（艺术也追求具有普遍性的“理式”）。主客体统一场的建立可将其内部的二元对立转化为一体两面，以克服任何具有科学至上主义倾向的文明观，与中华民族传统的天人合一、人与自然的和谐统一的文化底蕴和叙事逻辑相契合，是大同思想在文化领域的体现。

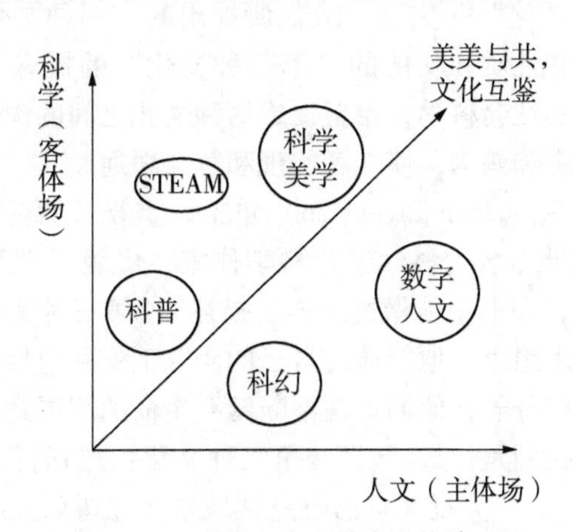

图 4 - 1　科学 - 人文的主客体统一场

2009 年，中国社会学家费孝通先生基于中华文明的内在精神，以中国人一以贯之的整体思维方式，于《“美美与共”与人类文明》一文中提出了认识和处理不同文明之间关系的一个理想：各美其美，美人之美，美美与共，天下大同。[8]2019 年，习近平总书记在亚洲文明对话大会开幕式的主旨报告中指出“美美与共”的文明观对于构建人类命运共同体的重要性。2020 年，由中国自然科学博物馆学会等单位发起的科普伦理倡议书中提出“科学与艺术一样，是人类共通的语言。我们重视增进不同文化之间的理解，以求美美与共。要在学习借鉴国际同行宝贵经验的同时，积极开展交流合作，通过科普增进文明互鉴”。[9]可见，“美美与共”是科普伦理的内在要求，也是一种文化自觉。美美与共已然成为处理不同文化、文明关系方面的重要指导思想。笔者认为，美美与共不仅是处理中西方文化、文明博弈共生的重要思想，还可以为解决“两种文化”之争贡献中国智慧，将美美与共的思想运用于科学与人文的对峙中，欣赏科学或人文文化各自领域所创造的璀璨成果的同时，也应该去欣赏其他文化的成果，将其他文化视为目的而非手段，在互相欣赏的过程中促进不同文化达到一种和谐，并呈现持久而稳定的和合共生、和而不同，提倡将科学与人文上升至审美的哲学高度，并在这个审美的层次上，在人们的社会生活中树立起一种科学与人文“美美与共”的文化心态。

另一方面，在主客体统一场中，我们还可以打破科学与人文的二元思维，即科学与人文只作为主客体统一场中的两个极致的向度，在科学与人文两种文化对立中掺入第三种、第四种……乃至第 n 种文化，从而打破一体两面的刻板化框架，形成多元互补、立体共鸣的开放格局。实际上，1963 年，斯诺在“再看两种文化”一文中回应他所提出的“两种文化”问题时，已提出了一种具有调和性质和功能的“第三种文化”的概念，主要指侧重数字统计和调查论证的社会科学，希望促成两种文化之间的沟通与理解，慢慢缩小二者之间的差距和鸿沟，使二者实现和解与融通。

1991 年，布罗克（John Brockman）重拾、重视“第三种文化”概念，采访了西方世界一批知名的科学家兼科学作家，出版了《第三种文化：超越科学革命》一书，在书中他做过这样的描述，“第三种文化包括那些经验世界中的科学家和思想家，他们通过自己的研究工作和通俗易懂的写作正在逐渐取代传统的知识分子，他们正在不断阐明生命的深层意义，他们正在重新定义我们是谁和我们是什么。”[10]《第三种文化：超越科学革命》又被称为“高级科普图书”，一大批在自己研究领域卓有建树而又有志于将这些成果介绍给公众的自然科学家，用通俗易懂的语言和丰富多彩的形式将科学领域最前沿的成果介绍给公众，以达到传播科学知识、培养科学思想、弘扬科学精神的目的，布罗克的“第三种文化”可理解为一种科普文化，是一种松散而开放的科学文化的建构与传播。《连线》杂志主编凯利（Kevin Kelly）称“第三种文化”为“街头科学文化”，认为它影响了这个星球上每个人的生活。

笔者认为，“第三种文化”不仅是斯诺强调的社会科学、布罗克的科普文化或凯利的流行科学文化，而且是一个更为广义的概念，包含科学文化与人文文化之外的各种异质文化，以及文化间的相遇与杂糅，即“第三种文化”实际上是第三种、第四种……乃至第 n 种文化的集合体。“第三种文化”可以是科普文化、科幻文化等典型的科学－人文文化杂糅体，也可以是凸显 STEM 动情（Hearts-on）之维的 STEAM（科学、技术、工程、艺术、数学）文化、数字人文文化等新兴的科学－人文文化共生域。在这里要特别强调的是科学美学作为“第三种文化”的生成及其意义，以呼应上文中提出的在审美的哲学高度上实现科学与人文的融通和统一的命题。作为沟通科学与人文两种文化的新的桥梁，科学美学这门新兴的交叉学科方兴未艾，它包含科学与美学、真理与美的关系等经典问题。

3. 展示科学之美，走向科学美学

美学根植于人类的创造性行为中，可通过人文的或科学的符号语言表达出来。美学不仅具备对于对象的吸引力，能给审美对象带来愉悦的感受，而且是人类思维最复杂的反应之一，它会调用康德所谓的崇高的悟性和优美的机智，激发、引导、表达科学过程，以弥合科学与人文文化的鸿沟。美学在科学与人文之间的融通不亚于传统意义上哲学对理智与情感、逻辑与直觉的弥合。

从比例和谐的希腊宇宙“天球”形象、毕达哥拉斯勾股定律、黄金分割定律、牛顿经典力学到近代爱因斯坦相对论、沃森和克里克 DNA 双螺旋结构等科学定律、模型中我们可以直观地感受到理式带来的科学之美。已有学者将这种科学美的直观体验上升至科学美学，麦卡里斯特（James McAllister）在《美与科学革命》（1996）中提出了“科学中的审美范式演化模型”，将科学革命视为审美剧变，把“一场科学革命看成与有明确审美标准的传统的决裂”，开辟了从美学角度研究科学哲学的新途径。[10] 在国内，徐纪敏在《科学美学思想史》（1987）一书中，倡议建立科学美学，提出了“科学美学”的概念，认为科学美学是由自然科学和美学结合而形成的一门新兴的综合性学科。它既可以成为理论科学学的一个分支，又可以成为美学的一个分支。[11]

笔者认为，在科学与人文的主客体统一场中，应积极开展科学文化与人文文化的跨文化研究和第三种文化的建构，努力实现科学与人文美美与共、文化互鉴，促进多元文化的和合共生，以打破两种文化、二元对立的既有格局。通过展示科学之美，引导公众感知、认知科学之美，培养、塑造公众的科学美感，倡导科学美学等第三种文化的生成与建构，推动科学的美学转向，走向科学美学，不断趋近于以"美美与共、文化互鉴"为特征的，科学与人文文化相互调和、互相融通的文化平衡态。下文就以科学中心为例，辨析在科学中心如何以科学美学思想为指导，开展科普展示的研发与设计。

二、将展览作为审美体验的科学中心展示设计

当代科学中心是公众参与科学（public engagement in science，PES）、科学传播（sicence communication，SC）、非正规科学教育（informal science education，ISE）共同发生的公共场域。公众对科学的参与更加活跃，在深度和广度上都到达了前所未有的高度，比如，在近年来兴起的"公众科学"（citizen science）公众参与科学模式中，公众可以切身参与生态、气候、天文等各种科学研究过程中，可谓真正拥有了改变科学和社会的力量；科学传播的主题由知识转向态度、行为，健康传播、环境传播、危机传播都是活跃于当代科学传播范畴内的子领域，这些主题的传播大多指向态度或行为的变化，聚焦健康、环境可持续性、效益与风险等，[12]并出现了科学传播与社会（SCS）等新的交叉学科；科学教育也由动眼（eyes-on）、动手（hands-on）、动脑（minds-on）发展到动情（hearts-on），将焦点转向了STEM教育的情感维度，反映了科学教育的侧重点由科学内容向科学语境的转向，让科学、技术、工程、数学在更为广阔的文化时空中得到可持续发展。

可见，科学中心场域涉及的各专业领域的变革都不约而同地指向了一种受众个体的感受与体验，以及由此带来的认知和行为层面的塑造力。而这些在科学中心场域内时刻发生着的进程的变化也必将给科学中心展示内容带来影响。笔者曾用"具身化"（embodied）和"涉身化"（embedded）来描述近年来科学中心的展示主题方面对应的变化，认为科学中心的展示主题由科学技术回归身体和生活世界，呈现出了技术具身的倾向。米勒认为由于"科技馆疲劳"，公众在科技馆中的学习无法改善"缺失模型"，相较于知识的习得，观众在科技馆中收获的更多的是一种对于科学现象的感知。下面就从展项、剧场、动态雕塑几个方面阐述如何将展览作为审美体验开展展示设计，提升科学中心展览的吸引力，给审美对象——观众带来愉悦的同时，开

启观众的悟性，让其领悟科学的崇高，调动观众的机智，令其体会科学的优美。

1. 展项：奥本海默的设计美学

奥本海默（Frank Oppenheimer）是物理学家、教育家，世界上首个科学中心、被《科学美国人》誉为“世界最好的科学博物馆”——探索馆的创始人和馆长，开创了科学中心的先河，被誉为“科学中心之父”，他建立科学中心的初衷是非功利性的，甚至是一种对自己前半生研究原子弹给人类社会造成的伤害的救赎。[13]奥本海默的名字几乎成为他所倡导和践行的“动手做”和“参与式”等当代科学中心展示理念的代名词。

奥本海默的科学美学可以说是朴素的、先验的、直觉的，他自己常用“事物感觉”描述自己的科学美学思想。奥本海默这种关于“事物感觉”的美学被运用在展品概念规划和设计过程中，将“事物感觉如何”这种美学应用在博物馆创建和运营过程中的各个领域。在奥本海默看来，感知（perception）是科学、艺术、诗歌和文学的基础，他将科学中心描述为自然现象的森林：“一片充满自然现象的森林等待你来漫步其中”，并认为“将感知作为探索馆这样一个想把所有东西放在一起的地方的切入点再合适不过了”。[14]探索馆展示了自然的工作原理和事物之间的联系，并在人类感知的层面上传播这种原理与联系。

奥本海默重视美学考量，将美学视为个体成长的一部分。他所建立的探索馆描绘了一种自然世界可见的美、形式与结构，但探索馆内在的美学原理却并不容易被看到，它们与个体所看到的事物没什么关联，这有别于大多数博物馆的传统美学考量，探索馆的美学更多的是考虑人们的感受，特别是人们来到这个场所后所触发的感受。在奥本海默看来，美学既涉及品位的养成，也包含建立某种张力，并提供渠道释放的张力。因此，美学需要被引入年少孩童的体验中，并融入他们的思维，借此影响一定数量的成年人。这样，对于他们而言，美学才能成为决策的基础，而不是事后的考量。

奥本海默的科学美学对科学与人文的融合在于他创建探索馆从科学家和艺术家的双重视角来观察自然。在探索馆里，科学家和艺术家就同一自然现象提供不同角度展示。例如，就散射这个主题，在探索馆里有一系列展示，让观众了解科学细节。“不断变化的太阳画”是艺术家米勒（Bob Miller）创作的，是探索馆最早的展品之一，这个展项的展示动感十足，利用三棱镜与各种小镜子组合，从阳光中抽离纯色，创造出豪华壮丽、引人入胜的景观。奥本海默研究学者、美国科学作家科尔（K. C. Cole）在《一些难以置信的美妙正在发生：奥本海默和他创造的世界》（2009）这本奥本海默传记中指出，奥本海默研究了从原子到宇宙的我们这个世界的万事万物，并致力于通过基于感知和认知的科学美学将人们从各种各样固有的先见中解放出来，让世界在观众面前焕然一新，让观众重新对世界充满好奇，从而去发现、去创造世界的美妙。[13]中国台湾地区历史博物馆馆长、英国莱斯特大学博物馆学博士张誉腾将奥本海默的科学美学描述为一种博物馆哲学，并认为奥本海默的这种关于博物馆的哲学可以建立科学与艺术的关联，“在奥本海默的想象里，探索馆是一个艺术和科学都可以用来当作载具，帮助观众‘了解’自然现象的场所。探索馆的教育哲学是：科学与艺术是一体两面，相辅相成，都是了解自然不可或缺的工具”。

奥本海默的科学美学具体体现为探索馆展项的设计美学。当被问及如何把上述关于美学的思考融入探索馆的建设中时，奥本海默指出要将科学美学融入展示设计中，“其中一种方法是把美的东西做成展品，以避免展品一贯的乏味。这样的展品让人产生好感。我们展出的这些展品里，有些之所以被放在这里展出，只是因为它们给人以美感。比如，我们有一个展品，它就是一个简单的巨大的滚珠轴承。在它旁边有一个标语，写着‘一些机器感觉不错。’我们想让人们做他们想做或可能想用一个展品去做的事。这些展品都足够灵活，没有固定的操作程式”。[14]在1980年墨西哥蒙特雷“科学博物馆的国际使命”大会上，奥本海默发表了“展项概念与设计”的特邀报告，再次指出“人类的感知”是贯穿探索馆每个展示主题的线索，展项设计遵循但不限于以下几条重要原则：①在不同环境中，对有趣的或重要的现象进行多案例展示。②展示须别出心裁、具有启发性，或给人以审美享受。③展项需要有张力，来引发好奇心，或是一个有趣的任务，或是一种可爱的效果，借由张力的释放获得美学或心智的收获。[14]秉持奥本海默的科学美学理念，探索馆至今仍是世界上在科学与人文融合方面首屈一指的科学中心，是世界科学中心的先驱和风向标。

在国内，上海科技馆在科技馆行业文化和科技融合方面处于领先地位且具有先导性和示范性优势，2018年获得“国家文化和科技融合示范基地”认定，是国内首家获此资质的科技馆。2019年，上海科技馆作为“技术推动科普教育和文化体验的典范示范”入选“国家文化和科技融合示范基地”单体类十强榜单。上海科技馆自主开发的部分临展的科普展示设计中已彰显了科学美学的风范：“美丽化学”从微观细节展示美丽的化学反应、“矿物珍宝”特展展示矿石的生命、“星空之境”全感官沉浸式还原银河、极光和2200万颗完全真实位置的星辰，让观众感受星空下的钢琴演奏之唯美与震撼，依托数字科技，实现科学美学的科普展示。

广东科学中心广东省食品药品科普体验馆科普展示的主题和形式上也颇具科学美学特质。展览以科技与艺术的完美融合，提炼“合手”形态作为空间组织形式，寓意“共同守护”和“小以见大，枝叶关情”的空间意念。该馆包括食健养和、美丽妆颜、药济天下、大医良器四个展区，其中美丽妆颜展区就是关于美的展区，设置艺术化的风筒、梳子、口红、花瓣雨，营造绚丽、时尚的化妆品空间，结合化妆品的生活应用，解密如何科学选择、正确使用和安全消费化妆品。

2. 剧场：叙事中情感的宣泄

费尔德曼（Alan J. Friedman）是物理学家、博物馆发展与科学传播顾问，曾任纽约科学馆（New York Hall of Science）馆长22年之久，在过去的近50年间，一直关注科学与艺术的结合问题。他在《对通过艺术传播科学的反思》一文中坦言，虽然STEAM运动倡导将艺术融入STEM课程的教授中，以丰富正规和非正规教育，但STEM和艺术存在以下深刻的、本质性的差异：① STEM和艺术具有不同的评量系统（STEM有明细、严格的验证方法，而艺术的评量则更为主观，对创意和洞见的高低、好坏的评量总在发生变化）。② STEM想法必须可以完整地复制，而艺术则强调独特性，在教育环境中将艺术与科学结合还是颇具挑战性的。[15]

在该文中，费尔德曼列举了三个实现了通过艺术展示科学的科普场馆剧场剧目。第一个例子是《粒子狂热》（*Particle Fever*），它是一个关于大型强子对撞机的科学纪录片，展示了科学家和工程师紧张等待研发多年的大型强子对撞机正式上线运行的重要时刻的过程，“每个人都屏住呼吸，观看屏幕——没有任何变化。科学家脸上显露出沮丧的神情。经过几分钟的煎熬，他们受命重试一次。随后是几秒钟的空白影片——突然在位于中心的一个屏幕上闪现出一个明亮的光点，接着其他屏幕开始出现符号和图形”。[15]就是这一刹那，达到了戏剧的高潮，通过科学家、工程师的面部表情、声音、肢体语言的变化，观众感受到科技发现与进展那一刻的狂喜，费尔德曼认为这部科普纪录片的成功之处在于它关注到了科学教育的情感维度，以及STEM教育中关于兴趣、态度、感受的部分。

第二个例子是《伟大的广袤》（*The Great Immensity*），一个以气候变迁为主题的音乐剧，演员向彼此诉说气候变迁的科学证据，其中1914年死于辛辛那提动物园的最后的信鸽——玛莎的挽歌尤为动人心弦、直抵人心。玛莎在挽歌中倾诉着她的孤独。“每次我读到此处的脚本，或听到这段歌声，我总是泪眼蒙眬，难以继续看下一个镜头”，费尔德曼如此描述其动情力。该剧的成功之处在于将气候变迁的道德责任进行了动情化，转化为情感化的表达。通过艺术传播科学的关键之处在于科普展品首先应当是一件艺术作品，要让艺术家在这个过程中淋漓尽致地发挥其创造力，以避免枯燥的教化式科学传播。

第三个例子是《守护者》（*Guardians*），一个关于海洋的芭蕾舞剧。该剧没有一句台词，只有舞蹈、音乐、影像、服装、道具和情感。该剧探讨了海洋中生命的进化，海洋生物和陆地生物在进化过程中产生的冲突及解决。在情节上大胆采用了梦序叙事（dream sequence），男主角在梦中沉入海洋，接受了来自可爱的海洋生物的馈赠——一只贝壳，开启了梦序，最后他逐渐了解了海洋生物的多样性，认识到了陆地生物的行为给海洋生物带来的影响，并转变为地球生命守护者的角色。该剧重新启用了在梦中接受教化这一人们早已遗忘的古老的科学教育形式，编织梦境，以芭蕾舞的形式别具匠心地实现了艺术对科学的传播。[15]

在国内，上海科技馆科普影片制作能力居行业领先地位，由上海科技馆制作的自然题材影视作品“中国珍稀物种”系列科普片获得2018年国家科学技术进步奖二等奖，分别为《中国大鲵》《扬子鳄》《震旦鸦雀》《岩羊》《文昌鱼》《川金丝猴》6部作品。该系列科普片深入描绘我国濒危珍稀动物及其生存环境，首次在科普片中融入了中国传统文化元素，包括民间传说、典故、水墨画等，并结合科学家的最新科研成果，以科学家为主导，利用多种摄影手段以及动画呈现等方式，用讲故事的形式淋漓尽致地展现了中国珍稀物种一年四季的生活习性及其生物演化过程。通过科学与艺术的融合，重构观众体验；通过科学与人文的融合，重构叙事逻辑；通过科学与技术的融合，重构表达方式，以多维融合的方式阐释了科学美学的展示设计。

广东科学中心“人与健康”展厅的“基因剧场”以视频嵌入技术，演出了破解基因的孟德尔豌豆实验的故事，揭开生命遗传密码，展现科学的内在美以及人类与自然和谐相处的主题，联合国教科文组织的“卡林加奖”获得者、中国科学技术馆原馆长李象益教授称之为科学与艺术结合的典范。2016年，广东科学中心引进了来自英国伦敦卡巴莱机械剧院（Cabaret Mechanical Theatre）和苏格兰格拉斯哥沙曼卡动力剧院（Sharmanka Kinetic Theatre）的机械木偶展，其中10件2米多的大型金属机械剧场震撼人心，由熊、鸟、敲钟人、猴、鼠、猫等造型组成的巨大雕塑交织着灯光和音乐欢快地运动着，每一个角色都严格遵照其设定的动作程序运行，进行着或幽默或伤感的叙事，让人流连忘返。观众不仅感慨于眼前精巧的机械装置，更被机械剧场的创意所打动，“与其说观众是为眼前的一件件初次蒙面的展品所震撼，不如说是在这些展品背后的故事里找到了自己的影子”。[16] 近年来，广东科学中心开始重视科普剧目的自主研发，自主编排的《我和科学有个约会——材料》和《魔力数学》在2019年全国科学实验展演汇演中荣获大赛一等奖，为科学中心科学与人文结合进行了剧场叙事方面的尝试与探索。

3. 动态雕塑：时空赛博格的浪漫

动态雕塑（kinetic sculpture）作为一种动态艺术，是西方现代雕塑的一个重要组成部分。动态雕塑打破了传统雕塑静态、单一、单点透视的形态边界，增加时间之维的同时，呈现动态、分裂、多重空间特性，由此改变了雕塑的意义生成的方式，通过剧场化的表达，强调作品与观众之间的场域关系，塑造了新的意义诉求、叙事功能，以及审美与接受方式。20世纪60年代以来，伴随着电子影像、计算机技术的发展，以及雕塑家对霓虹灯、橡胶、钢板等新材料、新技术的使用，动态雕塑更多地融入建筑、装置艺术的表达方式，并逐渐成为当代公共艺术中一种主要形态。强调雕塑作品与观众的“互动性”，通过人与雕塑之间的肢体接触、声波传递等实现人机互动，将观众的参与视为作品意义必不可少的部分，使作品更有趣、更好玩、更让人乐于接受。当代动态雕塑大量使用新材料、与现代科技结合、注重对音乐、水、灯光及运动等因素的运用并全面介入公共空间，运用当代艺术观念、技术手段、材料重新演绎和发展传统，通过当代科技与艺术思维的整合，显示出当代技术、人与自然的关系的全新角度，并激起人们的哲学思考。[17]笔者认为，动态雕塑是一种时空赛博格，可用于现象的耗时性表达，是再现与表现相统一的现象叙事，即科普展示，作为科学中心特别是其内部公共空间的展项，动态雕塑具备其独特的力量，适用于表现科学美学内涵，通过“表象”机制实现感受科学之美的“动情”科学教育，以场景式造型展示、实现科学理念的具身性生成，是以感知体验为主要互动形式的思辨式、涉身性展项。

科学中心公共空间中不乏动态雕塑的魅影。美国加州科学中心内部有一个五层楼高的动态雕塑，可持续扩张或收缩。随观众观看的角度不同，该动态雕塑的形态发生着变化，使得观众时而看到一个五角星，时而看到一张蓄势待发的弓，时而又看到一个马鞍。美国（新泽西）自由科学中心有一个赫伯曼球体的动态雕塑。赫伯曼球体是设计大师赫伯曼（Chuck Hoberman）最为家喻户晓的博物馆杰作，第一个赫伯曼球体于1992年在该馆中庭天井中安装。2007年该球体又重新安装在了该馆更新改造后的入口大厅里。由缆绳悬挂在空中，700磅的铝球顺畅地持续扩张或收缩。这项展品历史悠久，已成为新泽西自由科学中心的标志。美国西雅图太平洋科学中心户外展区的“声之花”（Sonic Bloom），5朵声之花会在观众靠近时唱起歌来，五朵花的歌声各异。每朵花里都装有传感器。要是5名观众同时与它们互动，在其间随意走动，便可以创作和声作品。安大略科学中心大厅上空的雕塑“云”是里程碑式的动力装置。有一百块雕塑元素，由计算机控制程序驱动，各元素运动速度稍有不同。这些元素慢慢地由同步运动到非同步运动，不同步的时候，空间中会出现大波纹；当完全同步的时候，会表现出固体状态，甚至突然消失；当不同步程度最大时，雕塑元素在空中呈现混沌状态。在这一结构中有三种明显不同的组织状态：当所有元素旋转一致，无论在主观体验上，还是空间形式上，该结构都接近固体（在固体状态，物质内的原子分布呈现出高度的规则性）；当元素旋转偏离这一固体状态后，该结构会融化成一种液体流，其间伴随有明显的波的传播；在超越一定阶段后，旋转的关系变得不明晰，该结构呈现出气态，体现出随机性和非连续性。“云”在大厅内呈现出持续的形变和模式转变，展现了混沌与有序、科学理论与人文体验、客体性和主体性之间的张力。

三、结语

综上，20世纪50年代斯诺提出了科学与人文是“两种文化”的命题，引发了世界范围内对科学文化与人文文化之间鸿沟的再度重视和讨论。“两种文化”的对立和互斥不利于人类文化共同体的形成和发展，形成了世界文明发展的制约瓶颈，是亟待解决的重大理论难题。“两种文化”之争的根源在于人类主体性和自然客体性的二元对立思维定式，为了从根本上突破、超越“两种文化”的二元对立，需要建立主客体统一场，探索“第三种文化”的可能内涵，不断趋近以美人之美、美美与共、文化互鉴、和合共生的文化平衡态。“第三种文化”可以是斯诺提出的调和科学文化与人文文化的社会科学文化、布罗克提出的科普文化，也可以是科幻文化、科技伦理等两种文化的交叉领域。本文特别提出了科学美学作为“第三种文化”的效度及意义，提出科学美学是实现科学与人文文化相互调和、互相融通的文化平衡态的路径之一，并在科学中心场域中，寻找了科学美学科普展示化的可能通道，包括展项、剧场、动态雕塑等，旨在通过展示科学之美，引导公众感知科学之美，培养公众的科学美感，促进科学美学等“第三种文化”的生成与建构，推动科学的美学转向，走向科学美学，在文化的主客体统一场中积极开展跨文化、比较文化研究与实践，为文化共同体的良性发展贡献中国方案、力量与智慧。

参考文献：

[1] SNOW C P. The two cultures [M]. Cambridge: Cambridge University Press, 1998: 3.

[2] 李醒民. 迈向科学的人文主义和人文的科学主义 [J]. 中国政法大学学报, 2013 (4): 5-29, 159.

[3] 顾明栋. 论“后文学”时代传统文学的出路：从科幻文学、电子游戏与乔伊斯的小说谈起 [J]. 外国文学研究, 2018, 40 (3): 77-87.

[4] DERRIDA, JACQUES. The post card: from socrates to freud and beyond [M]. Trans. Alan Bass. Chicago: University of Chicago Press, 1987: 204.

[5] 曹莉. “两种文化？C. P. 斯诺的意义”：回顾与思辨 [J]. 杭州师范大学学报（社会科学版）, 2018, 40 (6): 49-58.

[6] RADMAN ZDRAVKO. Towards aesthetics of science [J]. JTLA (journal of the faculty of letters, The University of Tokyo, Aesthetics), Vol. 20/30, Issue 5, Mar. 2004: 1-16.

[7] 金惠敏. 整体与直觉：海森伯科学美学思想管窥 [J]. 哲学研究, 2014 (8): 122-126.

[8] 谷文国. 各美其美　美美与共 [EB/OL]. (2020-04-22) [2021-03-03]. 人民网. http://theory.people.com.cn/n1/2020/0422/c40531-31684055.html.

[9] 中国自然科学博物馆学会、中国科普作家协会等单位联合发布《科普伦理倡议书》[EB/OL]. (2020-09-25) [2021-03-03]. https://new.qq.com/rain/a/20200925A012E000.

[10] 孟建伟. 科学与人文新论 [M]. 北京：科学出版社, 2017: 222-234.

[11] 徐纪敏. 科学美学思想史 [M]. 长沙：湖南人民出版社, 1987: 44.

[12] DAM FRANS VAN, BAKKER LIESBETH, DIIKSTRA ANNE M, et al. Science communication an introduction [M]. Singapore: World Scientific Publishing Co. Pte. Ltd., 2020: 13.

[13] SHAPIRO TOM. Something incredibly wonderful happens: frank oppenheimer and the world he made up [J]. Curator: The Museum Journal. Vol. 53, Issue3. July, 2010: 391-393, 61, 63-75.

[14] 张娜, 羊芳明, 罗静婷. 科技馆场域中的科技文化建构与传播 [M]. 广州：华南理工大学出版社, 2020: 58-59, 61, 63-75.

[15] FRIEDMAN ALAN J. Reflections on communicating science through art [J]. Curator: The Museum Journal. Vol. 56, Issue 1, Jan. 2013: 3-9.
[16] 张娜. 技术文化后人文主义观照下的展项叙事 [J]. 信息记录材料, 2018, 19 (4): 224-227.
[17] 粟多壮. 新动态艺术: 拉尔方索的动态雕塑探索 [J]. 雕塑, 2006 (3): 32-33.

第二节　素质教育与科普展示设计

摘要：在“双减”背景下，科技馆应积极从正规教育视角审视、思考自身非正规教育的功能与定位，主动作为，探索符合学校正规教育倡导的素质教育模式，以提升核心素养为目标，在学习效能金字塔理论、多元智能理论、跨学科融合理论等国际先进素质教育理论指导下的科普展示设计属性、建立指标体系，开展展项素质教育效能评量；在展览内容规划阶段，依据新课标内容制定展示知识点大纲，并进行科普展示化实践；建设中小学校内科普教育馆等，形成正规教育与非正规教育、展教、馆校结合的新模式。

关键词：素质教育；核心素养；科技馆；科普展项；设计属性

一、引言

近期，教育部门颁布了《关于进一步减轻义务教育阶段学生作业负担和校外培训负担的意见》（以下简称《意见》），将进一步提升课后服务水平摆在重要位置，并将拓展课后服务资源作为实现课后服务水平提升的明确要求之一。《意见》中指出要“充分发挥社会资源，发挥好少年宫、青少年活动中心等校外活动场所在课后服务中的作用，让学生享受到更多优质的课后服务资源”。[1]“双减”政策的出台并非无源之水、无本之木，它反映了目前国内如火如荼的教育改革创新。“十四五”规划中提出建设高质量教育体系，真正从“唯分数论”的应试教育向服务学生全面发展的素质教育转型，并将服务对象由基础教育阶段的学生发展为全龄段人群，特别是成人，构建终身化的教育体系，服务公众的终身教育。[2]素质教育和终身教育成为此次教育改革的旨归。科技馆作为非正规教育的场域，一直以来以科学教育为己任，以基础教育阶段（含小学、初中、高中阶段）的学生为主要观众群，亦主张面向全龄段公众的终身教育。近年来，在STEAM（科学、技术、工程、艺术、数学）教育、科学与文化融合等趋势的影响下，科技馆的展示内容由传统的科学与技术主题发展为兼具科学与人文价值的主题。

笔者认为，随着这种展示主题的演化，科技馆的教育功能也发生了变化，科学教育固然是科技馆教育的题中应有之意，但科技馆不必故步自封，将自己局限在科学教育的职能中，而应主动融入当代教育改革创新的浪潮中，助力学校教育，思考将素质教育作为自身教育功能的可能性，并继续强化自身已有的全人教育和终身教育功能。作为校外非正规教育机构，科技馆应在正规教育的“双减”背景下重新审视自身的教育功能与定位，探索如何更好地发挥科技馆在中小学教育中的作用，构建良好的社会教育生态体系，为以学生为主要对象的公众的全面发展、健康生活贡献力量。下面就从与科学教育对应的科学素养，以及与素质教育对应的核心素养谈起，探讨教育改革创新形势下科技馆教育功能转变的可能性。

二、科技馆教育功能的可能延异——从科学素养到核心素养

这里首先要厘清的问题是“什么是科学素养”和“什么是核心素养”。

1983年美国学者J. D. 米勒（Jon D. Miller）在其发表于美国艺术与科学学院院刊*Daedalus*的《科学素养：概念评述与经验评述》一文中从测度的角度提出了科学素养内涵的三个维度，即对科学原理和方法的理解、对重要科学术语和概念的理解、对科技的社会影响的意识和理解，并由此形成了经典的米勒三维度科学素养测评体系。[3]我国对科学素养的研究起步比较晚，近年来从科学知识、科学方法、科学思想、科学精神等方面对科学素养进行了理论上的探讨，并将公众科学素养的提升作为科学普及的重要目标。

核心素养的概念生成于近年来的国内教育改革创新中，2014年，教育部印发的《关于全面深化课程改革落实立德树人根本任务的意见》中提出了“核心素养”这一概念，指导、引领、辐射新一轮课程改革。“核心素养”指学生应具备的适应终身发展和社会发展需要的必备品格和关键能力，

突出强调个人修养、社会关爱、家国情怀，增加注重自主发展、合作参与、创新实践。[4]2016 年，中国学生核心素养指标体系总框架中将自主发展、文化基础、社会参与作为核心素养的三个构面。[5]

比较科学素养与核心素养的内涵，可以看出，二者之间的共通之处在于，无论是科学素养，还是核心素养，都是一种素养，即都是通过后天学习、训练和实践而获得的一种修养，都是建立在后天习得的知识、技能、方法的基础上的，并超越了简单的知识性基础，升华、凝练而成了思想、精神、价值观层面的指引与取向。不同之处在于，科学素养聚焦于科学、技术范畴下的素养问题，而核心素养显然已经实现了科学与人文之间的交融，从其“文化基础”构面中同时包含“人文底蕴”和“科学精神”便一目了然。可以说，核心素养是学科壁垒的“溶化剂”，将科学与人文熔于一炉，很好地回应了近年来科技馆科学与文化融合的发展趋势，以核心素养体系为基，科学与人文将实现融会贯通。

笔者认为，在新一轮教育改革创新中应运而生的“核心素养”概念的本质在于“破壁”：突破科学与人文、正规教育与非正规教育、应试教育与素质教育等种种由于二元对立而形成的壁垒，释放并激活交叉领域的新动能，促成教育要素之间的自由流动与自主结合，并由此带来新的教育生态体系的建立与新的教育秩序的生成。秉承上述“核心素养”的“破壁”理念，科技馆应打破正规教育与非正规教育之间的界限，不仅要以科学教育为主业，也要开展素质教育，并主动吸收、借鉴正规教育中的先进理念；不仅要以提升公众科学素养为己任，还要将基础教育阶段学生群体核心素养的提升纳入自己的使命中来，赋能学校教育，服务于人的全面发展。下面就从几种重要的素质教育模式的支撑性理论出发，探讨与之相适应的科技馆展项设计属性，为科技馆提升公众核心素养提供展项开发、设计方面的支撑。

三、当代素质教育理论导向下的科普展示设计属性

20 世纪 80 年代中期以来，我国形成了素质教育的思潮，[6]可以说，从那时起，素质教育就一直处于科学化和建制化的进程中。对于素质教育的定义与内涵，学术界一直处于百家争鸣、各执己见的状态，且存在理论与实践脱节的现象，素质教育的理论研究难以落实到正规教育的教学实践中。考虑到本文的研究主题，对于“素质教育是什么”和“什么样的教育是素质教育”等关于素质教育本身的学理问题，笔者暂且“束之高阁”，下面就

从与素质教育相关的若干当代教育理论出发，思考其主张的教育理念和对科技馆展项设计的启示。

1. 学习金字塔理论下科普展示的互动性

1946 年，美国缅因州国家训练实验室的教育学家埃德加·戴尔（Edgar Dale）以语言学习为例，提出了“学习金字塔”（cone of learning）理论，将采用不同学习方式的学习者在两周以后的平均学习保持率，即学习效果的高低用金字塔的图形形式表现了出来，学习效果由高到低依次是“教别人”或者“马上应用”“做中学”或“实际演练”“小组讨论”“示范”“声音、图片”“阅读”。学习效果较好的三种学习方式是参与式学习、主动学习和团队学习，这三者是作为非正规教育场所的科技馆所擅长使用的，较低的三种是被动地看、听、读等传统学习方式，这三者虽然也在科技馆中广泛存在，却是正规教育的教学中惯常使用的学习方式。可见，在学习效能这一点上，非正规教育并不比正规教育差，前者甚至优于后者的表现。

这就意味着，在科技馆的科普展示中，应更加突出自身非正式教育的特点与优势，比如，将展项设计为多人参与模式，展示内容设计采用任务式学习或基于问题的学习模式，基于“实践－现象”的建构主义学习模式设计观众与展品之间的交互，并努力促成观众之间互动，使观众自发成为科学传播者，围绕展项形成迷你科学传播现场。日本教育家佐腾学认为，学习是一种三位一体的完整的对话实践活动，学习者与客观世界、他人和自己的对话，[7]学习金字塔理论指引下的科普展示应突出“互动性”，这种互动存在于观众与展项之间、观众与知识之间，以及观众与观众之间。

例如，在广东科学中心正在开发的《了不得的疫苗》临展中，设计了“保护自己，保护他人”这个多人参与的展项，让观众选择是否愿意接种疫苗。需要 5 名观众先后选择愿意接种，才能实现群体免疫，保护社区中没有免疫力的个体。小于 5 名观众选择愿意接种后，由于群体免疫尚未实现，屏幕中不会出现成功构筑免疫屏障的展示效果，在好奇心、求知欲的驱动下，观众可能会将“构筑免疫屏障”作为一项任务，自发地找寻其他观众，向其说明展项的科学内涵，并询问其是否也像自己一样，愿意接种疫苗，形成观众与展项、观众与知识，以及观众与观众的多向互动。既回应了核心素养中“文化基础”下的“科学精神”（志愿接种疫苗）与“人文底蕴”（甘于承担风险，保护他人）指标，又兼顾了核心素养中“自主发展”下的“健康生活”与“社会参与”下的“责任担当”的价值取向。可以预见，展项实现后，将获得科学教育与素质教育的双重成效。

2. 多元智能理论下科普展示的复合性

1983 年，美国教育家、心理学家霍华德·加德纳（Howard Gardner）在《智力的结构：多元智能理论》一书中指出，智力的基本性质是多元的——不是一种能力而是一组能力，每个人至少具备 8 种智力：语言智力、逻辑数学智力、音乐智力、空间智力、身体运动智力、人际关系智力、内省智力和自然智力。[8]这一理论被称为多元智力理论（multiple intelligences），该理论主张教育必须促进每个人各种智力的全面发展。

这就意味着，在科技馆的展项设计中，可尽量多地杂糅多种智力元素，调动观众更加多元的智力参与。比如，在做基础科学的展项时，通常情况下，肯定会调动观众的逻辑数学智力，但作为策展人或设计师，应该思考的是如何调动观众尽量多的其他种类的智力，使得展项既能实现科学教育的既定目标，又能在一定程度上体现素质教育的核心素养指标。可将多元智能理论指引下科普展示的上述设计原则描述为“复合性”，即调动观众的多种智力的参与体验。

例如，美国纽约 Momath 数学博物馆中有一个名为“生命的旋律”的展项，由展台和类似早期博物馆的巨大的“好奇心橱柜”组成，一体化的设计使得整个展项看上去宛如一架古钢琴。橱柜中有若干大小不一的格子，陈列着我们日常生活中随处可见的发声之物：猫、狗、鸭、小提琴、门、摩托车等。展台上设置有三个转盘，观众选择将上述物体的声音作为 1/4、1/3 单位时长等，将代表物体声音的小牌子（装有 RFID 标签的塑料块）放入转盘周围的凹槽中，按下按钮，转动转盘，便可播放自己所选择的声音元素形成的音乐旋律。这个展项不仅调动了观众的数理逻辑智力（解决关于分数的数学题目），同时还发展了观众的音乐智力（学习音乐基础知识）和自然智力（认识自然界中的物体及其声音），让观众通过如此生动有趣而又奇妙的形式将音乐、数学与日常生活联系在一起，体现了素质教育核心素养中的人的全面发展的宗旨。

3. 跨学科融合理论下科普展示的跨域性

跨学科研究是近年来科学方法讨论的热点之一，体现了当代科学探索的一种新范型，[9]是素质教育的科学基础之一。与科技馆科学普及、科学传播使命息息相关的 STS（科学、技术与社会）研究就是在 20 世纪以来技术的融合以及科学、技术与社会的相互渗透趋势下形成的典型的跨学科研究。在科学教育领域，跨学科研究体现在 21 世纪兴起的 STEAM（科学、技术、工程、艺术、数学）重实践、超学科的教育理念，在课程标准上则有美国下一代科学标准（NGSS），通过科学与工程实践来实现学科核心概念和交叉概念，以科学与工程领域为跨学科融合的核心。

跨学科融合的思想贯彻到科技馆的展览设计中，就要求展览设计打破学科界限，不以学科作为划分展厅/展区的线索，采用主题式设计，实现技术和工程的结合、艺术和数学的结合等多对以往看似泾渭分明甚至相互对立的学科之间的交叉与融合。可将跨学科融合理论指引下科普展示的设计原则描述为“跨域性”。例如，在广东省食品药品科普体验馆名为“食健养和”的食品展区的设计中，主题式设计要求策展人不仅要设计展示食品科学的展项，还要从食品的加工技术、食品工程、食品的文化内涵、食品中的数学（如食物热量等）等角度出发，对食品这一主题进行科普展示，形成以食品的起源与发展为经，以食品与科学、健康和安全为纬，从食品与生活、食品与文化、食品与安全、食品与保健四个方面探讨生活中与食品息息相关的热议话题，从而提高公众对食品的科学认知和安全饮食的意识的食品展区概念设计，并最终实现涵盖素质教育核心素养中的“文化基础”“自主发展”与“社会参与”的相关内容，通过跨学科融合的方式促成科技馆中素质教育的实施。

四、结语：由“教”走向“学”的科技馆教育

科技馆是典型的设计环境下的非正规教育场所，也是社会化的学习场所，策展人既是设计师又是教育工作者，策展人希望实现的是观众能以展项为媒介开展体验式、探究式、情境式等自主学习，甚至可以脱离讲解员，沉浸在与展项的交互中，并在这种交互中与自己、他人和世界相遇。可以将策展人比作书的作者，创作一旦完成，作品便不再受控于创作者的意志，作品在与受众的一次次邂逅中产生新的意义。无论是科学教育，还是素质教育，都是策展人进行展览设计时在接受论域中对展览功能的愿景。基于展览的教育不同于学校中教师面授学生的知识传输，展览的空间也不同于教室，而成为一种类似学堂的教育场域。学生在这个场域内可以自行选择、组合和建构学习的内容，由好奇心驱动，进行玩耍、探索、想象、求知、学习、创造，乃至创新。

当代素质教育新形势下的教育的侧重点由“教”走向了“学”，体现为一种由自上而下向自下而上的方向性变革。特别是在非正规教育的科技馆展览环境中，学习者的主体性得到了充分的凸显与激发，真正成为学习的主人。教育工作者为学习者提供了丰富的学习资源后便退居幕后，任由学习者凭借自己的意志开展对展项作为物的存在、展项蕴含的科学知识与方法、共同参与展项体验的其他学习者以及对自我的探索。

相较于传统的校内正规教育，科技馆的非正规教育具有前者无法比拟的优势，代表着素质教育的发展方向。科技馆不应满足于既往的对学校正规教育的辅助角色，而应主动向正规教育领域进击，在新一轮教育改革创新的浪潮中做出自己独特的贡献。具体而言，科技馆展览设计应顺应当前课程改革新形势下素质教育的发展，采取与之相适应的互动性、复合性、跨域性的科普展示设计原则，可进一步制作指标体系，对展项对青少年素质教育的提升功能进行设计阶段的评量，并设计形成性评量环节，根据素质教育的内涵对科普展项的素质教育效果进行评量。将素质教育纳入自身的功能定位中，使科技馆不仅是以提升公民科学素养为己任的科学教育、科学普及的主阵地，还将以促进公众的全面发展为使命，成为素质教育的创新高地。

参考文献：

[1] 新华社. 中共中央办公厅 国务院办公厅印发《关于进一步减轻义务教育阶段学生作业负担和校外培训负担的意见》[EB/OL].（2021-07-24）[2021-08-26]. http://www.gov.cn/zhengce/2021-07/24/content_5627132.htm.

[2] 新华社. 中华人民共和国国民经济和社会发展第十四个五年规划和2035年远景目标纲要 [EB/OL].（2021-03-13）[2021-08-26]. http://www.gov.cn/xinwen/2021-03/13/content_5592681.htm.

[3] JON D M. Scientific literacy：a conceptual and empirical review [J]. Daedalus，1983，112（2）：29-48.

[4] 中华人民共和国教育部. 教育部关于全面深化课程改革落实立德树人根本任务的意见 [EB/OL].（2014-04-08）[2021-08-26]. http://www.moe.gov.cn/srcsite/A26/jcj_kcjcgh/201404/t20140408_167226.html.

[5]《中国学生发展核心素养》总体框架正式发布 [J]. 中小学信息技术教育，2016（10）：5.

[6] 杨四耕. 当代素质教育理论的方法论特征和时代意义 [J]. 江西教育科研，1997（2）：2-5.

[7] 佐藤学. 学习的快乐：走向对话 [M]. 北京：教育科学出版社，2004.

[8] 霍力岩. 多元智力理论及其对我们的启示 [J]. 教育研究，2000（9）：71-76.

[9] 张小军，肖鹰，刘啸霆. 跨学科研究：理论与方法 [N]. 光明日报，2006-03-28（12）.

第三节　科学中心展项研发平台建设

摘要：科技馆中的展项研发平台是什么样子的？广东科学中心用10年的尝试与实践给出了答案：科技馆中的研发平台可以是开放式实验室、联合培养基地、展项研发中心、工程技术中心、研究设计部，甚至更高水平的博士后工作站、国家级示范基地等。广东科学中心对科技馆研发平台的建设做出了自己的理解、尝试与努力，为科技馆展项研发、科普人才培养和科技馆升级转型发挥了示范性作用。

关键词：研发平台；开放式实验室；展项研发中心；工程技术中心；"研究型"科学中心

综观世界科学技术发展史可以发现，科学发现与技术创新的过程由早期的科学家个体的苦思冥想，到近代科学家团队的研发，已然发展到当代成熟的平台化运作，相应地，科技创新的主体已由科学家、科学家团队发展为研发平台。作为科学普及的重要阵地，科技馆场域中的科学普及与科技创新应当比翼齐飞，相互耦合以实现创新发展。那么，科技馆中的研发平台是什么样子的？广东科学中心用10年的尝试与实践给出了答案：科技馆中的研发平台可以是开放式实验室、联合培养基地、展项研发中心、工程技术中心、研究设计部甚至更高水平的博士后工作站、国家级示范基地等。广东科学中心对科技馆研发平台的建设做出了自己的理解、尝试与努力，为科技馆展项研发、科普人才培养和科技馆升级转型发挥了示范性作用。

早在广东科学中心于2009年开馆后的第一个五年规划，即"十二五"规划中，就明确提出了建设"研究型"科学中心的目标，即以广东科技发展战略为导向，以创新性的知识传播、生产和应用为中心，以高水平的科研成果的转化和高端、专门科普人才的培养为重要目标，服务于广东及全国的社会发展、经济建设、科教进步与文化繁荣。何谓"研究型"科学中心，科技馆业内尚无定义。笔者认为，"研究型"科学中心是以科普研究和创新型的高端、专门人才培养为职能，承担政府一定数量的科研项目，具有充足科研经费和完善的研究设施（可通过图书馆藏书数量、实验室的条件和数量等指标进行衡量），通过深层次、全方位的跨学科合作提升科研原创能力，具有高水平的原创性探索成果并促进高科技转移，是被视为国家创新体系重要支撑力量的科研和展览紧密结合的科普场馆。此外，“研究型”科学中心亦是世界科学文化学术交流的中心，国际交流与合作活动十分活跃，聚集一流学术人才，吸引高质量的科普人员，产出高水平的科研成果，具备较高的学术声誉和广泛的社会影响力。[1] 回顾“研究型”广东科学的建设，不乏敢为人先的先行性实践，按照时间顺序梳理，大致呈现为以下五个阶段。

一、开放式实验室（2010—2015）

广东科学中心开放式实验室是一个以展示技术开发为基础，具备展品原型化测试、展品设计与制作等功能的实验室。科技馆环境中的这类开放性工作环境将传统教育与社区教育相结合，使得前沿科研变得不再遥不可及，激发公众的创造性。从某种程度上说，加拿大安大略科学中心的开放实验室为广东科学中心开放式实验室提供了原型，它在安大略科学中心形成了集结三所当地大学科研力量的一个合作实验工作环境。公众可以在真实世界中参与艺术、科学、技术的研究，进入研究进程。研究机构之间的跨学科团队的年轻研究者们可以收集、分析、出版在实验室的研究进程中获得的数据。该实验室具有以下特征：

（一）作为一种参与性的科技馆经验的形成性评估

安大略科学中心的参观者们在实验室将有机会学习到一手的前沿科技研究成果，同时创造性地参与其中，而这种公众参与可以为日后科学研究的开展提供非常宝贵的信息。安大略科学中心每年有超过 100 万名的参观者，希望实验室能在互动艺术的人性化设计或者新兴科技的界面设计等特定领域有所成果。与此同时，这间实验室可以为科技馆可用性研究本身提供深度理论视角，总体性创意过程和跨学科工作本质，将科学、工程、艺术、设计等不同文化嫁接在一起。

（二）一个物理工作环境——智能孵化器

为了建设一支好的跨学科研究团队，与当地大学的全方位合作是不可或缺的。学校要为学生提供创新型学习经验。学术带头人的介入能够保证实验室较高的专业学术水准。与学校的合作可以为学校拓展公共范围提供机遇，也能够让事业刚起步的企业把它们的产品原型放入实验室接受评估。实验室成为一个展示跨学科研究真实进程的平台，一个会晤的场所，校外实验室，科技馆可用性指导设施，研究生研究主题的储备库，拓展社区的平台，观众可用性服务站——为观众提供评估、为大范围内的研究方法提供可用性调查以及观众反馈测试，一个独特的、有生命的实验室——不断进化的实体。

这个实体包括以下主体：①贡献者——提供需要被评估的项目的人；②参与者——公众，科学中心参观者；③实验室人员——做评估测试以及运营实验室的学生；④协助者——顾问以及委员会。

协助者以及实验室人员是整个项目的核心。顾问是在某一学术领域内自愿担当指导的学者，这为他们自身的专业发展以及学术圈的网络提供了良好的机会，因为在工业环境下他们无法发表自己的成果。这些专家可以自愿来指导学生。委员会由科学中心和当地学校共同构成，决定项目的范围，自主分配、聘用学生人员以及顾问。持续的多方合作建立在共同利益的基础上，可以资源共享，形成战略性网络，建成以项目为导向的有生命的实验室。

安大略科学中心开放性实验室的相关经验告诉我们，在科技馆建立开放实验室，旨在利用公众实践激发创造力与创新力，推动新科技与新媒体、人性化与可参与性设计、可持续跨学科合作、正规教育与校外教育的结合，这些目的只有在有趣的创新展项被提出后才有意义，并为科学中心提供内部环境的测试。科技馆中的开放实验室可实现内部展品的设计原型化以及测试；为一些仍在研发进程中的展项提供接触参观者的机会，使得研究者可以收集关于观众反映的数据，以便在下一步的研发中使用，即测试产品的可用性；在实验室为学生提供实践机会。

发挥产学研结合的优势，广东科学中心开放式实验室联合部分高校教授、企业高级工程师共同带领研究设计部实习生开展对科研项目的研究工作。为充分发挥高校教授的学术力量、企业技术人员的实际开发经验和科学中心员工的科技馆研究力量，坚持产学研结合模式，以开发制作科技含量更高的科普展项和科技产品为目标，积极开展广东科学中心的各项科研活动。具体而言，该实验室在成立后陆续开展了以下四个方面的研发工作。

1．生态环境科普设备研发

（1）搭建开发环境。在外场实验室搭建了一个面积约为20平方米的模拟生态环境实验室。模拟生态环境由模拟的河流、海洋、湖泊、山峰、森林等构成。为了更好地管理模拟生态环境实验室，方便我们进行实验，我们编写了一个生态环境管理手册，每天由工作人员对环境内的动植物进行管理，科学地对环境内的温度、湿度、光照进行调节。

（2）系统架构设计、系统概要设计、测试设计、详细设计。设计系统由生态环境检测系统、生态环境的控制系统、生态环境实验设备仿真系统和生态环境试验的展示系统四个子系统构成。

（3）组建专家团队，开展技术方案验证，确认模块开发方案。设计生态环境检测系统由PC上位机、网关、路由节点和传感器节点组成。采用分布式的数据采集方式，数据融合结构采用混合结构融合方式，兼具串行融合和并行融合的特点。

（4）嵌入式硬件平台研发。系统硬件由Aduino控制板、传感器、蓝牙串口、网络控制板和传感器扩展板组成。以Arduino板为主控制器通过蓝牙无线传输的方式将传感器数据上传PC机，同时也可以通过网络控制板与互联网连接。检测系统的软件设计使用VS2010作为工具编程监测界面，实现系统传感器数据的波形化、实时查询、历史数据查询等功能。目前正在进行软件设计部分的工作。

（5）环境因子监测算法研发。数据采集方式将采用分布式的数据采集方式，网络的拓扑结构采用树状网。传感器节点分布在环境内，完成实时数据的采集和传输。数据融合算法将采用基于D－S证据理论的数据融合算法。

2．数据手套展项研发

参与研发的数据手套是一种利用传感器技术捕获手部动作的装置，通常由可伸缩的弹性纤维制成，以适应不同大小的手掌，常用的传感器包括弯曲传感器、三轴加速度传感器等。数据手套通过弯曲传感器采集每个指关节弯曲程度的数据，并利用固定在每两个手指之间的弯曲传感器记录两个手指之间的角度；而三轴加速度传感器则可以测量手掌的姿态角，包括手掌的倾斜角和俯仰角。传感器有相应的测量范围，通常给位于数据手套不同位置的多个传感器定义不同的临界值。这样就可以通过传感器比较完整地捕获手部动作信息，最后将传感器的输出数列进行计算，从而识别相应的手势。

3. 科技馆室内平板导游技术、设备及展项

开创性地结合基于 Zigbee 的无线物联网感知定位技术与触摸式平板手持设备，研发一种适用于各类大型人文、科普、旅游、展馆等公共场所，为游客提供自助式导游服务的智能终端。项目研发内容主要由带可自主定位游客所在位置的触摸式平板手持智能导游终端设备与展项多媒体内容管理系统软件组成。主要功能包括：通过参观游客手持/车载平板式触摸终端，自动识别游客当前的参观展项，在终端显示展项丰富的背景介绍材料，包括文字、图像、语音与动画等；可为不同群体游客定制科普宣传资料的介绍形式、深度。如幼儿版、小学版、中学版、常规版、听力/视觉障碍人士版，做到层次分明、有的放矢、形式多样；提供多语种、多文字导游服务，提高景区、展馆等公共服务机构的国际化运营水平；自动收集展项参观人流、停留时间等运营信息，提高管理部门运营决策支持水平。

4. 悦科普线上实验室建设

“悦科普”是一个致力于在大众文化层面传播科学知识的公益性平台。其作用是汇聚广东优秀的青年科学传播者，以严谨的科学精神和宽容的人文精神，旨在“愉悦地享受科学传播，帮助青少年领略科学的美妙”，力争成为广东各类科普作品的发布平台。建立公益性网站，由实验室的全职编辑和广东科普从业人员共同参与管理，用集体协作的方式发布科普作品。该网站力争吸引大量的科学专业人士，Web 2.0 的模式使得读者可以随时随地地获取科普作品，并能不断完善。用户通过访问悦科普网站、微博、微信公众号等线上媒介，了解广东科学中心开放式实验室科技项目的研发现状，及时获取最新的实验室研究动态与阶段性成果，实现实验数据共享，与技术人员一起见证实验点点滴滴的进步，与开放式实验室共同成长。[2]

二、联合培养基地（2012—2016）

广东科学中心作为首批试点科技馆单位之一，依托自身科普展教资源，结合高校研究生教育资源和科研力量开展合作，作为广东工业大学校级示范创新基地，2012 年起与广东工业大学联合培养“工业工程”领域“展示与展项工程设计”方向的研究生，建立硕士研究生培养点，培养具有科学素养和展示与展项设计能力，以适应信息时代展示与展项设计工作的发展要求、承担科普展馆展示与展项设计研究与实践工作的高层次应用型专门人才。[3]该模式不是简单的委托培养，而是以我为主联合培养。广东科学中心参与并主导研究生课程的设计和教师的筛选，甚至中心内部经验丰富的专业技术骨干被选为指导老师。研究生除了要进行展示与展项设计理论研究的学习，更主要的是还要参与具体的展示与展项设计实践工作。研究生需要在广东科学中心常设展览及临时展览项目的实践中锻炼展览整体策划、展项设计研发、布展设计等综合能力。该专业面向全国招生，提供3年高额奖学金和国外进修的机会，旨在吸纳更多有志于从事科普事业的优秀青年加入科普人才队伍，不断壮大科普人才队伍，成为发展科普事业的生力军。同时，这也为中心青年员工创造提升机会，激励他们积极进修，从而达到选拔人才、留住人才的效果。

三、展项研发中心（2010—2016）

广东科学中心筹建展览展项研发中心，以适应对高新科技展示转化的研究及展项关键技术或部件的初步试制需求，并在过程中整合高校和企业的技术资源，逐步建设自己的展览内容建设专业团队，同时构建科普展览建设培训中心的师资队伍。研发中心是一个省级、高水平、开放式的设计、研发和服务平台，包括作为基础设施的专业图书室、展项设计试制实验室和开放式实验室。

专业图书室是为了适应“研究型”广东科学中心的发展而成立的，为展览展项设计和科研项目的情报搜集提供可靠的文献资源保障体系。图书室在为员工提供服务的同时也培养了他们选择和获取文献信息的能力。最终让员工通过图书室完成自己对某些信息文献价值的鉴别，获取所需的文献资料，完成相关业务工作能力与水平的提升、科研项目申报与设计、高水平论文撰写与报告的形成、科研成果的申报与再立项，转化为成本中心和自己的科研成绩，为中心整体科研能力的提升奠定基础。

展项设计试制实验室为科学中心主题科普展览开发提供展览初步设计，并完成相关展项的试制。它具有展项设计和展项试制两大功能，前者重在展览方案及效果设计，包括展览策划及展项创意，图文版文稿等内容设计，展项展示功能设计，布展效果、展项外观造型设计和图文版平面设计；后者侧重在新技术科普展示转化及成熟技术应用于常规展项的功能实现研制及测试，包括系统开发及控制软件设计，电子电器类的制作及测试和简单结构模型制作。展项设计试制实验室作为科普人才培养的硬件，使科普人才有了属于自己大展拳脚的空间，从而也为实现自主创新提供有力的支持。

开放式实验室依托于广东科学中心科普资源平台优势，通过整合政府、高校和企业的优势资源，为广东科学中心、周边科技馆以及展项设计企业提供人员培训、成果转化、管理咨询、市场开拓、国际合作等方面的服务，使科普产业创新人才不断聚集，实现跨领域、跨学科、跨行业的科普展项设计规范，建立科普创意设计所需的多种类型知识的资源库。实验室在科普人才培养和科研团队建设方面发挥了积极的作用。为优秀中青年人才提供良好的实验室及仪器设备等工作条件，积极支持科研人员开展在职培训、进修和学术交流。实验室每年派遣研究人员到国外知名学术机构学习进修，并按照开放的原则接纳客座教授、访问学者以及国内外合作单位的科研人员前来入驻开展相关项目的合作研究，实现产学研结合的目的。

四、工程技术中心（2013 年以后）

广东省科普创意文化设计工程技术研究中心在科普展项设计领域，有着深厚的理论研究和应用基础，相关研究成果分别获得过广东省和广州市的科学技术奖励。工程技术研究中心专注本领域的国际前沿问题，并将所获理论成果应用于相关产业，产生实际效益。以“粤港澳大湾区科普联盟”和“广州市科普联盟”为依托平台，紧密联合科普展项设计领域的同盟单位，面向产业需求与重大问题，从基础理论、核心技术、关键产品等层面开展深入研究。突破科普展项设计关键共性技术，带动产业快速发展。具体开展了以下四个方面的研究：

1. 科普展项设计标准化

构建科普展览标准化资源库，对科普联盟中的可用资源进行整合，针对专业领域、业务范围、技术优势等信息，建立可提供智力和技术资源的专家库、专业技术组件库。研发基于大数据平台的标准化资源库模型和资源存放、调度技术问题。

2. 科普场馆智能传感系统

建立模拟生态环境科普场馆的信息采集系统和大型场馆节能信息采集系统，研究多异构传感器数据分析、融合和反馈控制问题，形成示范应用基地。

3. 科普展览人机交互技术

研究基于视觉识别和传感器定位技术的人机交互问题。研发基于双目视觉系统和数据手套的手语识别设备，研发基于 Zigbee、WiFi 等定位技术的导游平板终端设备。

4. 科学素养评价和分析体系

研究科学素养的影响因素和评价科学素养的指标体系，研究科学的抽样调查方法、数据分析方法和综合评价模型。

五、研究设计部（2009 年以后）

广东科学中心研究设计部针对如何破解科普场馆持续发展难题，近年来持续发力、大力加强展览项目建设创新，特别是在开发原创展览项目和拓展科普新途径方面，积极开展了富有成效的创新实践和探索，取得了显著的社会效益和经济效益，促成了中心持续创新发展。回顾研究设计部在广东科学中心开馆以来发挥的研发平台作用，可以发现该部门为了实现科普展览项目建设的持续创新发展，制定了相应的创新管理战略和阶段实施方案，第一阶段，通过研发新增临时性科普展览来探索创新建设的可行路径。第二阶段，通过研发新增常设性科普展馆来升华创新建设的经验；面向未来，将战略性新兴产业的核心技术、创新转化为科普展览建设中的主题内容和表达手段。回顾历史，将地域性科技发展的光辉历程，创新转化为科普展览建设中的文化传承和精神弘扬。第三阶段，通过更新原有常设性科普展览来发展创新建设的总成方案。第四阶段，通过社会化建馆，开拓馆政、馆企合作建馆新模式，打造大科普格局。该研发平台的创新与成果包括：

（1）构建了“科普 +”的展览创新模式，探索科技成果科普化展示，实践科技创新与科学普及的融合发展。建成国内首个以 LED 为主题的行业科普体验馆，形成了集科普教育、产业服务以及文化创意的综合公共平台。探索以创意为核心、以互动为手段展示新兴技术的优势和特点，服务战略性新兴产业推广应用。

（2）引入先进科技文化及 STEM 教育理念，开创“科学中心 + 创客空间”的常设展览模式。将创客空间模式应用到科普展馆常设展馆建设中，更新改造建成“技术与创新”展厅，将创客空间与科普场馆技术类展馆进行了融合和创新，让创客教育更广泛地服务于广大公众。[4]

（3）探索科技馆与博物馆跨界融合创新，促进不同科普场馆教育理念、教育内容、展示方式的有机融合。挖掘博物馆类题材——岭南科技史而建成“岭南科技纵横”展馆，采用科学技术史叙事框架，将历史博物馆类的展示内容和科技馆的展示方式相结合，融入通识教育理念和 HPS（历史、哲学与社会）教育理论。

（4）运用“故事化”和“情境式”相结合的展示手法，自主研发“用眼看世界——科学观察工具”巡展。以“看”为切入点，以“科学观察工具”为载体，以“人类视觉局限性的驱动—观察工具的发明—观察能力的拓展”为故事线索引导观众进入科学发现、技术发明的情境。

（5）探索如何通过科普展览弘扬科学精神、传播科学思想和方法，自主研发“走近诺贝尔奖”巡展。在历史时空重现的情景中，回味诺贝尔奖的社会价值，在模拟实验、虚拟仿真、拼图游戏等互动体验中，理解科学原理、学习科学方法，用漫画化的科学家形象以及通俗化的图像，表达获奖者科学探索的思想方法以及科学精神与人文精神融汇的价值理念。

（6）国内首创低碳 & 新能源汽车科普体验馆和广东省食品药品科普体验馆，探索科普社会化路径，促进社会资源与公益事业的融合，馆政、馆企合作共建两大科普馆，形成科普共同体，采用科普主体自主聚合模式实现协同创新。

六、结语

时光飞逝、斗转星移，彼时的“此在”向存在敞开，在此起彼伏、迂回辗转间叙述着研究型科学中心、世界最大科技馆——广东科学中心展项研发平台的过去、现在与未来。回顾“十二五”，展望“十四五”，如何整合以往的和已有的研发平台软硬件资源，向更高水平的研发平台迈进，是广东科学中心，也是所有“研究型”科技馆值得思考的问题，在 2021 年拟申报国家文化和科技融合示范基地、博士工作站等研发资质，吸引并留住高端人才。历经开放性实验室、联合培养基地、展项研发中心、工程技术中心、展项研究设计部等多种实体形态的发展，广东科学中心未来的研发平台将成为一个块茎状的、有生命的、不断演化的、虚实结合的、多生态位博弈共生的生态系统，取得更多国际先进的展项研发成果，服务粤港澳大湾区乃至全国的科普供给，为世界面向科学普及的研发平台建设贡献中国力量、中国智慧与中国方案。

参考文献：

[1] 张娜，李智强．科普场馆专门人才培养探索：建设研究型广东科学中心［C］//中国科普研究所．科技传播创新与科学文化发展：中国科普理论与实践探索：第十九届全国科普理论研讨会暨 2012 亚太地区科技传播国际论坛论文集．北京：中国科普研究所（China Research Institute for

Science Popularization), 2012: 5.
[2] 张娜，陈曦，王磊，等. 集网络科普和科普活动于一体的科普平台建设研究 [C]//科普教育基地动员策略：北京：首届全国科普教育基地科普能力建设研讨会论文集. 中国科协科普部，中国科协科普活动中心：2014：4.
[3] 吴夏灵，罗潆. 浅谈广东科学中心与高校联合培养高层次科普专门人才工作的创新 [J]. 广东科技，2014，23 (16)：7，10.
[4] 张娜. 从临展到常设展：科学中心创客空间展项建设摭谈 [J]. 未来与发展，2018，42 (1)：15－19.

第四节　科学中心展项的情报研究

摘要： 本节探讨了科技馆情报研究如何服务于展项研发这一问题。从目前国内科技馆现状出发，从科技情报角度进行分析，辅以广东科学中心在科技情报工作方面的实践，尝试提出基于情报研究的解决方案。丰富科技馆情报研究的内涵与外延，积极开拓能够指导科普实践工作的、形式多样的科技馆情报研究，将科技馆情报研究工作做深、做活是开创科普事业新局面的时代要求。

关键词： 科技情报；科技馆；展项；广东科学中心

一、引言

情报学（information science）是一门研究情报的行为和属性，以及处理信息使其易于获得和易于使用的最适宜方法的学科。它关注与信息的产生、收集、组织、存储、检索、解释、传播、转换和使用相关的知识体，包括在自然和人造系统中的信息表达、有效的信息传输编码、信息处理设施和技术如计算机及其程序设计系统的研究。[1] 情报学具有跨学科的性质，包含纯科学和应用科学的成分。科技馆情报研究既要关注作为纯科学的情报学理论，将情报学与博物馆学有机结合，加强对科技馆语境下情报的产生、传递和利用规律的总结，构建适用于科技馆行业的情报学体系，又要关注作为应用科学的情报学如何为科技馆的科技情报工作提供指引，即如何提升科技馆行业情报的生产、加工、贮存、检索、交流和利用的效率。

具体而言，根据学者对科技情报工作的归纳总结，[2] 科技馆情报工作应包含如下四个方面的内容：其一，预测科技馆行业的发展、需要，按需进行资料搜集，由此提供及时的、准确的、有针对性的情报；其二，向科技馆展教、运营人员等科技馆从业人员宣传和介绍现有情报资料库的范围和情况；其三，建立科学的、现代化的科技馆情报检索系统；其四，在科技馆行业用户需要时，提供正确的、科学的情报，兼顾针对性和及时性。

二、国内科技馆情报研究现状

情报的序化和转化是实现“数据—信息—知识—智慧”认知阶梯式上升的必要条件。高质量的科技馆情报研究将为科技馆展教研发工作提供具有借鉴意义的“他山之石”，批判式转化吸收后，促成科技馆理论和实践工作的创新与发展。然而综观国内科技馆行业的发展，呈现出种种与情报研究匮乏相关的通病，现简要陈述如下。

1. 国内科技馆展品重复率高

国内科技馆存在“千馆一面”的问题，各地科技馆常设展厅展示主题千篇一律，展厅展品大同小异。特别是在一些地市级的中小型科技馆，缺乏创新的战略规划与技术支持，展馆顶层规划多向省级大型科技馆看齐，甚至直接从展品制造商的展品库或从其他科技馆中选择展品。

2. 借鉴国外展品难获其精髓

与上述情况不同，部分国内科技馆十分重视国外科技馆展品的搜集，对国外科技馆展品推崇备至，甚至不考虑国内外科技馆观众参观习惯的差异，对国外优秀展项实行全盘照搬，但在吸收转化过程中面临着情报信息浮于表面、在深化设计和实际制作过程中难以落地的问题。

3. 国内科技馆临展难成品牌效应

临展不同于常设展，不需要做到“大而全”，而需精准地阐释一个主题，对该主题展开精彩的展项叙事，因此，临展在展示内容和展示形式的创新性上都优于常设展。临展的研发对于科技馆保持对观众的吸引力至关重要，也是评量科技馆研发能力的重要方面。目前国内科技馆临展研发力量较为薄弱，自主研发的临展的吸引力不强。

4. 国内科技馆展项数据库资源匮乏

展项数据库是展项研发的有力工具，展项数据库的形成是一个动态积累的过程，其中既包括本馆以往研发的、已经成功展出的展项，也包括通过情报搜集和对外交流等方法获取的其他展馆的优秀展品展项。与国外一流科技馆相比，目前国内科技馆在展项数据库建设方面的力量十分薄弱，不重视展项资源的积累，限制了自身展项研发能力的提升。

三、基于科技馆情报研究的解决方案

下面就从科技馆情报研究视角对上述科技馆现状进行分析与解决。

1. 国外常设展项的借鉴

为解决国内科技馆展品重复率高的问题，开展国内外科技馆情报研究势在必行。特别是对国外科技馆展示主题与展品的情报检索就显得尤为重要。世界科技馆发展的历史由来已久，从 1906 年科技馆的雏形——德国慕尼黑科学与工业博物馆，到 1937 年世界上第一座真正意义上的科技馆——法国巴黎发现宫，再到 1969 年现代新型科技馆——美国旧金山探索馆，世界科技馆已经历了百余年的发展。相比之下，我国的科技馆发展时间较短，从 1988 年国内第一家科技馆——中国科技馆建成开放算起，只有 30 多年的发展史。需要认识到，国内科技馆目前仍处在蓬勃发展的热潮中，而这股热潮在 20 世纪 60 年代开始就早已席卷全球，目前世界范围内科技馆的数量已达 2000 座，这意味着任何一家科技馆都不是孤立的存在，而是世界范围内科技馆大家庭的一员。对外国科技馆建设经验的学习与借鉴应成为今后任何展项研发活动的第一步，对国外同类型展项的情报研究是传承和发展科技馆优秀展示传统的关键。

以广东科学中心 F 馆“感知与思维”展馆“思维空间”展区的更新改造为例，展区改造过程中打破了一期马戏团的布展氛围和叙事框架，以人类思维的生理结构——大脑为核心，展示前沿的认知神经科学研究成果，基于前期与美国自然历史博物馆联合研发的“大脑”展，对该区的展项和布展进行了全面的更新改造。以知识点的一致性为原则，挑选“大脑”展中对应的展品，如用“瀑布声音的错觉”替换同样表达知觉整体性的“变换的感觉”，用“数字组块”替换同样表达短时记忆的“门萨测试”，用“星星临摹”替换同样表达程序记忆的“画出您的歌声”等。可见，该展区的更新改造是建立在对国外科技情报的充分掌握和分析的基础上的，是科技馆情报研究服务于展项研发的一次成功的实践。

2. 国外设计团队的参与

国外科技馆展品主题丰富、形式多样、原创性强，相较国内同类型展品，有明显的竞争优势，同时国外科技馆注重自主知识产权的保护，仅通过情报检索，可以得知国外科技馆研发了哪些展项，但知其然，不知其所以然，国内科技馆在借鉴国外优秀展项的时候难以获取其关键技术。值得注意的是，科技馆的情报研究并不是一种间谍行为，不可能也不应该以获取全部的展项设计资料为目的，而应以提高情报交流和利用效率为目标，换言之，一切提高情报交流和利用效率的行为都应纳入科技馆情报研究的范畴，邀请国外设计团队进行展厅概念设计和展项设计就是一条提升情报交流和利用效率的主动策略。特别是对于一些全新主题的展厅，国内外几乎没有可以借鉴的展项，而仅依靠本馆的研发实力，尚难形成具有国际竞争力的规划方案，在这种情况下，主动寻求与国外优秀研发设计团队的合作，邀请国外设计团队进行方案设计无疑是科技馆情报研究的又一有力举措。

以广东省食品药品科普体验馆国际招标为例，在接到展厅研发设计任务后，我们首先对该馆须展示的“四品一械”（即食品、药品、化妆品、保健品、医疗器械）内容进行了国内外关键词检索，检索结果寥寥无几。在情报检索无果后，我们选择了主动开展情报交流与利用的方法，组织展示方案设计招标工作，引进国际设计团队。与近 20 家国际顶尖展览设计公司进行了征询、沟通，日本丹青社、荷兰北极光、德国霍廷根、美国探索馆、英国 HKD 5 家国际知名展览公司参与了方案设计竞标，最终由日本丹青社中标。在丹青社提供的设计方案中涌现出了大量精彩的展示形式和新颖的展项设计风格，为我方采纳。经深化设计后，交由国内一流的展项公司制作实现，保证了展项的国际水准。可见，科技馆情报的交流与利用有力地推动了科技馆展品的研发与设计，同时又形成新的情报，促成了情报的生产，助力完整情报周期的生成。

3. 国外临展的引进

临展是对常设展览的有效补充，独立研发临展应成为每个科技馆展项研发部门的一项常设工作内容，以保证常展常新，用定期推出的临展持续吸引观众来馆参观。但要研发出品质过硬的临展也不是一蹴而就的，临展的研发也需要经过展项和布展的概念设计、深化设计、展项制作等展项研发环节，研发环节无异于常设展项，研发难度并不亚于常设展项，需要具备丰富展项研发经验的策展团队准确捕捉吸引观众注意力的展示主题，用娴熟的叙事手法对选定主题进行展项叙事，思考展示内容架构，对主题进行展区规划，创作相应展项等。事实上，临展的自主研发经常处于停滞状态，目前科技馆自主研发的临展数量远远不能满足观众的参观需求。针对此种情况，科技馆应积极调用外部资源，主动引进国内外广受好评的临展/巡展，丰富展示资源，形成对本馆常设展项和自主研发临展的有效补充。

以广东科学中心在临展方面的实践为例，2011 年、2012 年广东科学中心自主研发的“走近诺贝尔奖”和“用眼看世界——科学观察工具展”获得了国内外业界的一致认可［后者曾获亚太科学中心协会（ASPAC）颁发的 2014 年度“创意科学展项奖”］，受邀在国内数十家科技馆进行巡回展出。此后，由于一期常设展厅更新改造、新展厅建设等研发工作，自主研发展项的数量有限，展馆二楼的临展厅和负一楼中庭的临展区一度处于空置状态。2016 年开始，国外临展的引进成为一项常态化工作，陆续引进了英国伦敦卡巴莱机械剧院的“机械木偶展”（2016 年 7 月—11 月），[3] 加拿大安大略科学中心的“创想空间”展（2017 年 7 月—11 月），[4] 澳大利亚国家科学中心的“数学魔力”展（2018 年 2 月—7 月），爱尔兰都柏林圣三一学院的“错觉：眼见非实”展（2018 年 4 月—8 月），英国巴比肯艺术中心的“数字革命”展（2018 年 11 月—2019 年 3 月）。临展的引进是广东科学中心国际交流合作引进优秀科普展览成果的具体举措，是在科技情报研究的指导下开展科普工作的又一重要实践，对世界范围内各科学中心之间的合作具有非常重要的意义。

4. 与国外同行开展深度交流与合作

展项数据库建设的典范当属美国探索馆。探索馆拥有一支设计水平很高的展品研发团队。早在 1976 年，该馆就出版了《美国探索馆展品集》，收录该馆的 201 件经典展品，集中了 1969 年开馆以来大部分展品的精华，凝聚了该馆关于展品设计和开发的精髓，被誉为“科技馆展品圣经”，[5] 每个展项按照展品描述、展品结构、透镜组合、评论与思考、探索馆相关展品、探索馆展品说明牌等方面进行介绍。一些展项设计公司出于业务的需要，也建立了较为完善的展项数据库，方便第一时间为科技馆用户调用数据，推荐自己公司可以实现的展项创意，供甲方挑选。比如，德国霍廷根互动展项·概念·设计·制作公司就有一套较为系统的展项数据库，可以用关键词调用相关主题的展项创意，与探索馆展品集不同，霍廷根公司的展项数据库中不仅包括该公司以往做过的展项，还通过科技情报手段，将欧美科技馆中相关主题的展项收集进来，形成了更为强大的展项数据库，做到每个关键词下都有上百个相关展项的数据清单，每个展项又分为观众体验、科学内涵、技术细节、操作步骤几个方面进行介绍。

可见，展项数据库的建设是一项长期的系统性工作，既要及时总结本单位自主研发的展项，又要通过科技情报研究，广泛吸纳国内外优秀展项。从科技情报研究角度出发，国内科技馆要加强同国外同行的交流与合作，既包括与国外科技馆、科技馆组织，也包括与国外展项公司的良好互动。以广东科学中心为例，自2008年开馆以来，不断探索中外科学文化交流合作的新模式，先后加入了亚太科技馆协会、世界科学中心协会和国际博物馆协会等国际行业组织，成功举办了2011年亚太科学中心协会年会，与美国自然历史博物馆和意大利以及西班牙的科普机构联合研发了“大脑”展，与英国科学博物馆集团联合研发“超级细菌：为我们的生命而战”展，在世界范围内巡回展出。与国外同行的深度交流合作不仅是科技馆就全球议题参与公共沟通、履行自身社会责任的一个有效途径，同时也是科技情报研究的一个重要方面，有利于本馆展项数据库的建设与完善。

四、结语

多种形式的科技馆情报工作突破了国内科技馆多年来展陈乏味、缺乏创新的问题，借他山之石，为国内科技馆行业的发展提供了新的视角，有助于中国科技场馆站在巨人的肩膀上，不断前行，并实现超越。特别是“三大馆”，即中国科技馆、上海科技馆、广东科学中心，更是迫切地需要形式多样、能够指导科普实践工作的科技情报研究，使自身始终紧跟时代潮流，引领国内科技馆行业的发展，实现腾飞，更好地体现与发挥科技馆在公众科技文化传播方面的价值与作用。

参考文献：

[1] BORKO H. Information science：what is it? [J]. American documentation，1968，19 (1)：3-5.
[2] 钱学森. 科技情报工作的科学技术 [J]. 情报学刊，1983 (4)：4-13.
[3] 张娜. 技术文化后人文主义观照下的展项叙事 [J]. 信息记录材料，2018，19 (4)：224-227.
[4] 张娜. 从临展到常设展：科学中心创客空间展项建设摭谈 [J]. 未来与发展，2018，42 (1)：15-19.
[5] 布鲁曼. 美国探索馆展品集（一）探索馆展品技术手册 [M]. 修订版. 美国探索馆，中国科学技术馆，编译. 北京：科学普及出版社，2017.

第五章　展项与观众：接受论域中的观众研究与科学教育

第一节　观众研究的理论与实践

摘要： 新博物馆学以观众为核心，博物馆也经历了由机构导向到观众导向的转变。在博物馆环境中对观众参与进行评量成为博物馆展示自身价值的一个关键元素。作为博物馆学的一个分支，观众研究与展陈研究具有同样重要的地位，但长期以来却未受到国内学界的充分重视，缺乏对相关理论和方法论的系统梳理。本文对博物馆环境中的观众进行了综述性研究，致力于在理论层面为博物馆观众研究实践提供依据与指导，促进博物馆理论与实践的融合。

关键词： 博物馆；观众研究；理论；实践

观众研究是一个蓬勃发展的研究领域。无论是为了获得政府支持，评估博物馆对政府性指标的达成度，为政府决策提供数据支撑，还是用于确定博物馆的发展趋势，博物馆对于观众数据的需求都是切实存在的。博物馆在 21 世纪面临的最大挑战就是如何将其重心由展品转向观众，这种观众转向对博物馆的专业性工作带来了极大的挑战，需要加大观众研究的比重，以增加新的职业技能要求，对资源重新进行优化配置，对博物馆政策和计划重新进行规划。截至目前，已涌现出大量关于博物馆观众体验、博物馆展项评估和教育供给等诸多方面的研究，这些研究共同构成了独特的博物馆实践。

一、观众研究的发展

观众研究是博物馆学（Museumology）的一个分支，博物馆观众研究的兴起是由若干松散联系的学术脉络汇聚而成的。作为一门学科，观众研究通过使用各式各样的方法，对某一机构的实际或潜在观众进行研究，其研究对象是在休闲和非正式教育环境中的观众，包括博物馆和其他各类展馆中的观众。观众研究对非正式环境中人类体验进行跨学科研究，系统地收集、分析信息或数据，以为阐释性展品或项目的决策提供支撑，旨在改善非正式环境中的学习实践。国际上观众研究的发展是十分不均衡的。在世界上大部分地区，博物馆观众研究仍是一片尚待开发的处女地。美国在基于博物馆的研究这一方向上遥遥领先，在观众研究应用开展最为广泛、持续、系统。其次是英国，大部分研究都由博物馆员工或顾问进行，特别是在科学和儿童博物馆此类研究更为领先。

博物馆观众研究历史久远，但直到20世纪末才得到了长足的发展，在1900年前几乎没有关于博物馆观众研究的出版物。[1]最早有记载的观众研究是1884年英国利物浦博物馆的希金斯（Henry H. Higgins）对不同观众类型的观察，他将观众分为学生（1%～2%）、观察者（78%）和闲逛者（20%），反映了早期对观众进行分类的倾向，其开展观众研究的目的是提升博物馆的教育价值。最早关于观众体验的研究文献是吉尔曼（Benjamin Ives Gilman）的“博物馆疲劳”（Museum Fatigue），[2]研究了展品陈列与观众体验之间的关系，提出展品陈列不当会导致博物馆疲劳，并建议博物馆应控制展品数量，将藏品划分为展示区与学习区，并包含变化的展品。

最早的系统性观众研究是由罗宾森（William S. Robinson）教授和他的学生耶鲁大学心理学家梅尔顿（Arthur W. Melton）在20世纪20年代完成的，其观众研究主要关注博物馆物理环境的设计对观众行为的影响。[3]受美国博物馆协会（American Association of Museums，简称AAM）赞助，由卡内基财团出资，罗宾森和梅尔顿完成了一系列对美国若干博物馆观众的研究。罗宾森和梅尔顿的研究提供了第一个内容详尽、正式出版的使用跟踪法（tracking）描述观众在展厅中的行动路径的报告。通过系统性、以数据（包括观众参观展厅的总时长、观众参观某一展项的时长，以及观众在某一展项前的停留次数等）为基础的观察，他们发现了若干影响艺术馆观众参观动线的重要环境变量，阐述了影响观众对展项注意力的若干设计因素，并探索了学校团体参观科技博物馆对教育的影响。罗宾森和梅尔顿的研究发现影响力最为持久的是他们提出了“吸引力”（attracting power，即观众停下脚步去观看展品）和“驻足力”（holding power，即观众观看某一展品或展厅的时长）的概念。

罗宾森和梅尔顿对观众研究的带动作用并未立竿见影，直到20世纪60年代中和70年代初，学界才重新燃起对各类展馆观众行为的兴趣。究其原因，与当时博物馆所处的时代形势不无相关。20世纪60年代中叶到70年代末，文化政策发生了大众转向，博物馆也需紧跟时代趋势，证明其对社会公众的影响力，特别是在使用博物馆服务的观众数量与募集公众捐款的金额挂钩后，对博物馆中的观众研究呈现了前所未有的高速发展，在此之前的观众研究主要是由博物馆外的学者开展，观众研究从此开始逐渐转变为一项博物馆的内部进程。这个时期，观众研究的数量、种类和复杂程度都有所提升，学者更加关注观众研究的方法、观众调查，以及观众行为学和实验性研究。

从20世纪80年代晚期开始，不仅观众研究调查者的数量大幅度提升，而且调查采取方法的多样性和复杂性也都提高了。福尔克（John H. Falk）和迪而金（Lynn D. Dierking）在《博物馆体验》（1992）一书中对前人观众模式的研究进行了整理和归纳。在这一时期，观众研究开始成为一个独立的领域或学科，呈现出了明确的较为系统的发展，但仍缺乏较为完整的知识体系。[4]

回顾20世纪观众研究的发展，海因（George E. Hein）指出博物馆观众研究的发展与博物馆的教育功能密不可分，它属于教育评估研究的一个分支，其研究的内容很大程度上受到了正规学校教育评估内容的影响，后者包含学生评价、学习活动评估、如何将评估结果应用到学校学习中，因此，博物馆观众研究也大致涵盖这三方面的内容。彼古德（Stephen Bitgood）等学者将观众研究划分为相对独立而又有所重叠的五个子范畴的研究：受众研究与研发、展项设计与研发、项目设计与研发、基础设施设计和观众服务。[1]

综上可见，博物馆观众研究涵盖众多类型，由不同主体开展，目的也不尽相同，研究范式各异。这些研究在过去的一个世纪中呈现出零散发展的态势，现在在美国已经发展得较为成熟，在英国、加拿大、法国、德国、澳大利亚等国家得到了重视。

二、观众研究的方法

观众研究的方法有介入式和非介入式之分。大多数的观众研究方法，如访谈、座谈、调查问卷等，研究对象都意识到他们是在被调查的，一些研究人员甚至对某些研究方法的伦理性提出了质疑。[5]这类介入式的观众研究确实产生了大量研究数据，但由于观众知情，他们提供的反馈在不同程度上受到其对特定语境的理解和期待等多重因素的制约，影响因素还包括研究人员在开展调查过程中对观众的回答问题的引导。还有一种更加“自然”的研究形式，更多依赖于观察，被涉及的研究对象对研究过程的开展并不知情。这类创新的手段包括使用里程计测量观众在展馆中的位移，隐藏麦克风在特定展项前对观众的讨论进行录音，还有视频拍摄等。这类方法同样产生了许多研究数据。但一个劣势是这类数据中的大部分是无效的，很少部分是观众对于展项体验进行交流的内容。通过记录设备，我们可以知道观众在某一定点停留了很久，并且向同行的观众指出了某个特定的展项特征，但是原因却不得而知。

观众研究之所以开展是因为我们想知道观众对参观的所思所想，观众研究的实测工作也就自然而然地受限于对观众行为（包括言语）的研究，即关注观众做了什么和说了什么。无论是介入式调查还是非介入式的自然观察，所有的研究者和评量者都离不开他们对他人的所见、所闻或所感，即观众的行为或行为变化的观察。海因指出，所有的观众研究方法都可以归为三大类别：观察人们做了什么；利用人类的语言——关于活动的口头表达或书面表达；分析某些人类活动。[6]依据这三大类别，海因进一步提出了观众研究的三种方法，依次为观察法、基于语言的方法和其他方法。

随着观众研究理论与实践的发展，新的研究方法不断涌现，这些方法不断探索着观众研究的边界和可能性，无论在认知层面，还是在情感层面，都加深了我们对观众与展项之间关系的理解。需要指出的是，任何一种方法都有其局限性，自然观察法容易与阐释观察对象的方法脱节。将观察法和基于语言的方法相结合，可以弥补彼此的缺陷。多种方法的综合运用，可以更加全面、细致地处理观众的理解和体验，有助于生成更加成熟的对于观众反馈内容和获取观众反馈形式之间的关系的思考。

三、观众研究的现状

观众研究的最早形式之一是展项评估。最早的观众研究基于对观众在展区中的行动和行为的非介入式观察和跟踪，绘制观众的参观轨迹，显示哪些是“热门”展项（观众参观频率较高的展项），哪些是“冷门”展项（观众参观频率较少的展项）。1928 年，罗宾森（William S. Robinson）提出了“吸引力”（attracting power）概念，即展项吸引观众的能力，由驻足观看的观众的比例来衡量，以及“驻足力”（holding power）概念，即观众在展项前驻足观看的时间。20世纪末，观众研究寻找恰当的方法，这些早期的方法又受到学者的关注。“吸引力”和“驻足力”在20世纪80年代再次被应用在英国博物馆的观众研究实测研究中，观众运动轨迹的绘制也在20世纪90年代重新被应用。

1990年，斯克里文（C. G. Screven）认为评量必须介入博物馆设计的每一个环节中，并提出了前置性评量（frontend evaluation）、形成性评量（formative evaluation）和总结性评量（summative evaluation）作为开展观众分析时的方法学上的理论与步骤。前置性评量可以了解博物馆现有与潜在的观众，对展览设计和项目规划的早期工作至关重要。前置性评量主要针对“谁是博物馆的观众?”“观众对博物馆有哪些期望?”“观众对博物馆有哪些误解?”“哪些做法可以让观众产生参观博物馆的动机?”等问题进行研究。形式性评量可以通过对展项模型（mock-ups）的效果的评量对展览后期规划与制作提供具体建议。总结性评量则在展示推出后针对一些特定问题，如“哪些观众从次展览中受益?”“展览是否有效?”“观众获得了何种参观体验?”等进行分析记录，对了解观众收获的层面有关键性作用。[1]

1993年，卢米斯（Ross J. Loomis）提出了以观众为核心的观众分析技术三维模型，包括观众投入维度（visitor commitment dimension）、参观过程维度（visit process dimension）和参观结果维度（visit outcome dimension）。观众投入维度是利用观众在统计学和心理学上的特征来分析观众对博物馆的投入程度。观众人口统计学信息（参观频率、社会族群、教育水平、年龄）和心理信息（兴趣、期待、动机）等因子相互结合就会产生不同层次的投入程度。参观过程维度是分析观众与展示环境的契合度，展示环境包含社会和物理两个层面，如展示动线设计是否合理决定了观众体验的舒适度。参观结果维度是观众收获的分析，观众的收获可以是多方面的，如社交经验的分享、远离日常生活和学习新的内容等。[7]卢米斯进一步指出，无论是博物馆的设计，还是针对博物馆的评估或研究，都需要全面地覆盖这三个维度。博物馆工作人员必须全面认识这三个维度，才能更好地理解观众研究的成果。同时，还需认识到评估和研究是获取这三个维度信息的手段。

1998年，福尔克（John H. Falk）等学者创建了观众研究的个人意义映射（Personal Meaning Mapping，简称PMM），又称为个人意涵图，用于评量一种具体的学习体验对每个个体的理解和意义生成过程产生了怎样独特的影响。不再假设所有学习者都拥有相近的知识和经验，也不再要求个体提供某个“正确”的答案来验证其学习效果。这是基于福尔克另一重要概念——自由选择学习（free-choice learning）体验发展而来的观众研究方法，呼应教育学从“行为主义”（观众对博物馆提供的刺激物做出反应）到“建构主义”（强调学习者在意义生成过程中的输入）的转向。[8]这种方法评估一种教育体验如何对公众的个人、概念、态度、情感认知在四个近乎独立的学习维度产生影响，即对观众学习的宽度和深度，而非学习的质量给予评估。第一个维度衡量观众恰当使用的词汇数量的变化，反映观众知识和感受的程度（extent）。第二个维度衡量观众理解的宽度（breadth），由观众恰当使用的概念的数量变化决定。第三个维度衡量观众理解的深度（depth），由观众描述每个概念的丰富程度的变化来决定。第四个维度衡量个体对话题的掌握（mastery）程度，看看观众的理解是像新手还是更像专家。这种方法是一种整体性的判断，是观众研究在教育学方向上取得的重要理论成果。

基于教育学的观众研究还包含其他两个主要的方向，其中最为常见的是调查，通常由博物馆自行开展，也可能用到市场研究公司，格林斯尔称之为“计数与制图”，[9]一般会提供关于参观的基本社会统计学数据，附以展项、展厅或活动的参观及重复参观数据。有时这种调查更加趋向于“满意度评分”，基于若干问题，涉及观众喜好的对象，有时会有打分环节。对于不同类型观众对展项的反馈等较为深入的分析性问题则较少涉及。这类研究中最为著名的当属法国社会学家布尔迪厄（Pierre Bourdieu）对欧洲国家对艺术“品位”的重要差异的比较研究，研究显示了社会阶层和展项接受之间的联系，指出了“文化”和其他类型的“资本”都有助于生成社会差异。[10]2009 年，福尔克批评了传统博物馆观众研究中将观众按年龄、性别、种族/民族、社会经济状况、社交群体等，福尔克称之为“大‘我’身份”的人口统计学指标对观众进行分类。他认为应当按照行为和自述特征等“小‘我’身份”对观众进行定位和分析。[11]福尔克提到了他在自己的博物馆观众研究中常用的五种小“我”身份：探索者（explorer）、协助者（facilitator）、经验寻求者（experience seeker）、专业人士（professional）/兴趣人士（hobbyist）和再充电人士（recharger）。福尔克用这五种关于身份的博物馆观众分类法，在观众类型及其参观博物馆动机之间的关系的基础上，对观众体验进行了预测，并指出博物馆应该参考观众身份相关的动机来明确观众对参观的需求，并满足这些需求，以此提升观众服务。福尔克认为每种观众类型都对应该类型的典型参观轨迹，“我们可以看到一旦将观众进行关于身份的类别动机划分，那么就可以预见观众与环境进行怎样的互动”。[11]福尔克的观众细分模型采用了市场研究的思路，也为后续的定制化观众服务提供了依据。

2010年，彼古德（Stephen Bitgood）等学者建立了博物馆观众的注意力——价值模型，并对观众注意力进行了再定义。他认为，观众注意力是一组心理和生理过程，是一个三阶段（捕捉、关注、参与）的连续体，其中每个阶段都受到独特的独立标量组的影响。受这些过程影响所产生的行为的动机是个人因素（个人价值、兴趣、过往经历等）、心理-生理因素（感性、认知、情感、决策、疲劳）和环境因素（社会影响、建筑和展示设计）之间的互动。注意力指标（因变量）包括走近物体、停留、观看时间、阅读、与他人讨论、思考、测试学习和记忆、评分等。不同阶段都有不同的反馈（指标）组合。该模型的提出是观众研究在心理学方向上的一大理论成果。

在教育学、心理学、社会学等专业学术领域的学者结合各自学术领域推动观众研究的理论化进程外，博物馆内部对观众研究也十分重视，并不断摸索适合本馆实际的观众研究实施方法。自然历史博物馆（伦敦）有着优秀的观众研究学术传统，其研究和评量团队致力于持续提升该馆的观众体验，并确保博物馆的活动能让大范围的受众受益。该团队对展馆大部分的展项、活动、项目进行评量，并与合作伙伴一起对博物馆学习开展研究。听取观众的声音，有助于博物馆的战略决策，使用实证法，确保观众始终处于重要决策的核心位置。该团队采用的研究方法主要包括前端评量、形成性评量和总结性评量，贯穿展项、项目和数字活动的全生命链。前端评量发生在展项、活动的研发阶段，帮助判断观众感兴趣的程度，以及观众对某一主题的储备知识。前端评量有助于发展展项故事线、目标、科普信息、学习结果和阐释性策略。形成性评量发生在展项的研发和制造阶段，用来帮助测试展项组件（如使用原型），例如图文版、操作指引和可用性，还有具体的科普信息和学习结果。在形成性评量中取得的重要发现可以迅速整合至项目中。总结性评量发生在某个展项、项目或活动已经完成，并处于（试）运行状态中，用以评估展项的教育效果和具体设计实现的效果。

英国科学博物馆集团（Science Museum Group）在观众研究方面也有20多年的丰富经验，并设置了专门的观众研究部，持续开展观众研究评测，形成了大量的实证案例和专业经验。观众研究团队确保所有的展项、项目和在线资源都切实面向观众，为观众提供难忘的、启发性的学习体验。该团队研究观众的需求、渴望与期待，并将这些调查结果落实到研发过程中，参与项目的整个研发过程（前期、中期、后期），常设的研究团队将研究结果进行梳理总结，形成关于观众的知识库，把从观众反馈中得到的经验教训用到未来项目研发中。下到个体展品的制造、上到展馆决策层面，研发团队都有话语权，为博物馆提升对当今社会科学成果的理解与享用这一愿景提供支持。

美国探索馆也把观众研究与评量纳入了日常工作，提出研究和评量是理解学习的本质和为学习性创新设计的重要环节。其观众研究和评量部门对非正式环境中的学习，特别是在博物馆的公众空间中的非正式学习开展研究。该部门的研究不局限于个别展项或展项组，设计对学习的影响进行探索，而且探究非正规学习的方方面面，包括兴趣、刺激、自我效能、社会参与、科学思考与技术建构。已经开展了对图文版修辞和布局、实体展项可及性、材料与设施的互动、探究性项目的特点等研究。此外，该部门还对探索馆展项研发提供信息支持。探索馆的评量研究分为三个类别：前端、形成性和总结性评量，依据研究在研发中所处的阶段而定，已开展了百余次的评量和数十次的观众研究。

除学者和各个博物馆内部建立观众研究团队外，还出现了专门的观众研究组织。例如，观众研究协会（Visitor Studies Association，简称 VSA），成立于 1990 年，并于 1988 年在美国阿拉巴马州的安妮斯顿召集一小群研究和评估人员，会同博物馆管理工作者，召开了第一次会议。观众研究协会至今已经发展为一个会员制的专业组织，会员遍及世界 20 多个国家，关注博物馆、动物园、自然中心、观众中心、历史景点、公园和其他非正式学习设施中的观众体验，致力于通过研究、评估和对话来理解和提升非正式环境中的学习体验，研究相应的工具和方法及实践战略来吸引、教育、服务观众，旨在预见一个世界，公民在其中能享受终身学习。观众研究协会认为非正式学习组织能够促成上述体验，并指出对观众的理解至关重要。该协会还创办了学术性会刊——《观众研究》（*Visitor Studies*），其前身是《观众行为》（*Visitor Behavior*）（1986—1997）和《当今观众研究》（*Visitor Studies Today*）（1998—2006），还有 1988—1996 年观众研究协会会议集汇编《观众研究：理论、研究和实践》（*Visitor Studies*：*Theory*，*Research and Practice*）。《观众研究》关注观众研究、评量研究和研究方法，以及与博物馆、动物园、自然中心、观众中心、历史景点、公园和其他非正规设施中的校外学习环境相关的主题。

国内观众研究起步较晚，理论性研究主要由高校博物馆学的专职研究人员开展。严建强（1987）将观众研究的内容分为观众类型——特征研究、观众行为——心理研究、观众活动——反应研究三个方面。[12] 王启祥

(2004)将观众研究分为调查——观众基本资讯、研究——概念或理念建构、评量——特定决策行动三大类别。[13]黄体茂(2007)将观众需求分为自然需求、感性需求和理性需求三大类。[14]李林(2009)以博物馆展览观众评估指标体系为研究对象,对如何实现展览策划者与目标观众的交流与沟通进行了探索。[15]周婧景等(2016)提出博物馆对观众的研究首先需要解决的问题是从关注单纯的"物"转向关注"物与人的关系"。[16]周瑶(2018)将观众研究分为两类:应用性观众研究(包括观众调查和观众评量)和理论性观众研究(即狭义的观众研究)。[17]

除理论性观众研究外,在各地科技馆中也开展了实践性评量工作。倪杰(2003)介绍了2002年上海科技馆运用数学手段,对观众的部分行为相关性、观众的类型进行分析,并对观众调查分析的方法、科技馆未来发展进行探索。[18]黄曼等(2014)选取19个满意度观测变量按照李克特(Likert)的五点量表法设计调查问卷,在天津市科技馆等7座科技馆进行调查,研究结果发现对主要发挥科普教育功能的科技馆服务来说,服务的条件和内容是影响其观众满意度的核心因素。[19]王琴(2016)对浙江省科技馆新馆开馆以来的观众情况进行了调查分析,以探讨保持科技馆观众量持续发展的思考和对策。[20]王心怡等(2016)介绍了2015年2月在浙江省科技馆开展的问卷调查,从家长的视角,将科技馆参观分成前、中、后三个阶段,对家庭观众的基本情况、参观预期、参观体验、参观评价及后续影响进行统计分析。[21]王紫色等(2018)以"大众点评网"公布的中国科技馆在线评论信息为数据来源,采用定性研究与定量研究相结合的方法,对中国科技馆新馆开放后的观众满意度进行分析,研究了观众满意因素和不满意因素。[22]

四、结语与思考

作为博物馆学的分支,国外观众研究不断与人类学、心理学、社会学、教育学等学科相结合,历经近一个世纪的发展,已经在20世纪90年代形成了独特的研究领域,并逐渐建立起了独特的知识体系。如今,观众研究已成为国外博物馆一项长期性、系统性的工作,方法论和学科理论也更为健全。随着观众这一概念由起初的同质化公众转变为复杂文化场域中的主动阐释者和意义生成的把控者,在观众研究的理论方法层面,也呈现出了由狭义的、基于行为心理学的传播范式发展为广义的、开放的、参与式的阐释范式。

相比之下，始于20世纪80年代的国内观众研究就显得较为滞后，且对观众研究方法论和知识体系的研究与建构并未受到足够的重视。各地博物馆往往出于实际工作的需要，开展应用性的观众研究，内容大多局限于观众对场馆满意度的问卷调查，研究结果也多以报告形式呈现，研究结果也大多停留在数据统计阶段，缺乏对观众研究理论和方法论的系统研究及对数据结果的深度分析。如何有效引入国外先进的观众研究理念，对国外观众研究理论进行系统梳理与长期跟踪，运用跨学科的思路和方法从理论上进行创新与建构，并指导本地博物馆观众研究的实践，是学者亟待深入探索的问题。

参考文献：

[1] HEIN G E. Learning in the museum [M]. New York: Routledge, 1998: 41-42, 101.

[2] GILMAN B I. Museum fatigue [J]. The scientific monthly, 1916, 12: 62-74.

[3] MELTON A W, FELDMAN N G, MASON C W. Experimental studies of the education of children in a museum of science [M]. Washington, DC: American Association of Museums, 1936 (reprinted 1988).

[4] BITGOOD S. Environmental psychology in museums, zoos, and other exhibition centers. Handbook of environmental psychology [M]. Eds. Bechtel R & A. Churchman. John Wiley & Sons, 2002: 461-480.

[5] BITGOOD S, SHETTEL H. An overview of visitor studies [J]. Journal of museum education, 1996, 21 (3): 6-10.

[6] MASON J. Qualitative researching [M]. 2nd ed. London: Sage, 2002.

[7] SCREVEN C G. Uses of evaluation before, during and after exhibit design [J]. ILVS review, 1990, 1 (2): 36-66.

[8] LOOMIS R J. Planning for the visitor: the challenge of visitor studies museum visitor studies in the 90s [M]. Eds. Bicknell S. and Farmelo G. London: Science Museum, 1993: 13-23.

[9] MACDONALD S. Companion to museum studies [M]. Malden, USA; Oxford, UK; Victoria, Canada: Blackwell, 2006: 321, 368.

[10] BOURDIEU P, DARBEL A. The love of art: European art museums and their public [J]. International journal of cultural policy, 2010, 16 (1): 76-77.

[11] FALK J. Identity and the museum visitor experience [M]. Walnut Creek, CA: Left Coast Press, 2009: 73, 176.
[12] 严建强. 博物馆观众研究述略 [J]. 中国博物馆, 1987 (3): 17-22.
[13] 王启祥. 国内博物馆研究知多少 [J]. 博物馆学季刊, 2004, 18 (2): 95-104.
[14] 黄体茂. 关于科技馆观众需求的思考 [J]. 中国博物馆, 2007 (1): 78-83.
[15] 李林. 博物馆展览观众评估研究 [D]. 上海: 复旦大学, 2009.
[16] 周婧景, 严建强. 阐释系统: 一种强化博物馆展览传播效应的新探索 [J]. 东南文化, 2016 (2): 119-128.
[19] 周瑶. 中国博物馆观众研究方法的现状与反思 [J]. 中国博物馆, 2018 (2): 86-91.
[18] 倪杰. 上海科技馆开馆初期观众调查 [J]. 中国博物馆, 2003 (3): 20-28.
[19] 黄曼, 聂卓, 危怀安. 免费开放的科技馆观众满意度测评指标体系研究: 基于7座科技馆的实证分析 [J]. 现代情报, 2014, 34 (7): 22-26.
[20] 王琴. 关于保持科技馆观众量持续发展的思考 [J]. 科技通报, 2016, 32 (1): 234-237.
[21] 王心怡, 傅翼, 张晖. 博物馆家庭观众研究: 以浙江省科技馆为例 [J]. 科学教育与博物馆, 2016, 2 (5): 322-330.
[22] 王紫色, 邵航. 科技馆在线评论观众满意度研究: 以"大众点评网"中国科技馆在线评论为例 [J]. 科普研究, 2018, 13 (1): 56-63, 107.

第二节　展项研发视域下的观众研究

摘要：基于2018年广东科学中心年度观众调查的结果，从展项研发的视角出发，对调查结果进行阐释与反思，尝试提出展项研究设计部门在提升科学中心科普供给方面的对策与启示，将观众研究纳入展项研发设计视域。

关键词：展项评量；观众研究；展项设计

表面上看，展项研发与观众研究，前者聚焦展项，后者聚焦观众，似乎并无交集，但一个多世纪的发展历程中，观众研究却始终与展项评量紧密相连，而展项评量又是决定展项研发成功与否的重要环节。展项评量是观众研究的重要内容。大部分展项评量研究都是在科学博物馆或科学中心进行的，因为它们都明确地秉持着传播概念性知识以提升公众理解科学的愿景。除展项评量外，观众研究还致力于量化具体特征的观众，并基于这些特征描绘博物馆的功能。这些调查大多基于社会阶层、教育程度、收入水平、职业、年龄、种族、信仰等人口统计学变量，将这些差异视为观众的态度和行为的重要影响因素。下面就基于2018年广东科学中心年度观众调查的结果，从展项研发的视角出发，对调查结果进行阐释与反思，尝试提出展项研究设计部门在提升科学中心科普供给方面的对策与启示。

一、建立核心观众画像，研究符合核心观众画像特征的设计属性

“核心观众”是苏西在2009年提出的，根据观众与博物馆之间的关系，苏西及其研究团队将博物馆观众分为普通大众、随意观众、核心观众和博物馆倡导者四类。她认为核心观众对博物馆的参观是规律性的，乐于接受观众调查，是观众调查的主要对象，与博物馆倡导者不同，核心观众虽然认识到了博物馆的重要性，却并没有展现出与博物馆之间强烈的情感联系。[1]（Wilkening，2009：4）

根据本次观众研究结果，广东科学中心普通散客观众呈现出以下特点：以家庭观众为主、成年女性观众多于成年男性观众、家庭观众中以父母带小孩为主、未成年人以学龄前儿童及小学生为主。由此可大致将广东科学中心核心观众描述为亲子家庭、学龄前儿童及小学生、成年女性观众。其中，学龄前儿童及小学生一直是科学中心的目标观众群体，此次调查显示成年女性观众也是科学中心的重要观众群体。

展项研发部门需要针对新发现的核心观众，即成年女性，研究与之相适应的展项设计属性，以增强女性观众对展项的参与度。国外部分科技馆已经意识到科技馆部分展品对女性的吸引力较弱（物理和工程学方面的展品尤其如此），并开展了相关研究。为了提高女性对STEM展品参与度的最重要的设计属性，美国旧金山探索博物馆的EDGE项目（Dancstep，2016）通过建立提高女性参与度的潜在设计属性清单、评估展品、衡量

参与度，以300多件展品为例，从100项潜在设计属性中筛选出了对于提高女性参与度而言最为重要的9种设计属性，并称之为EDGE设计属性[2]（表5-1）。

表5-1　EDGE设计属性

展品标签		
展品标签包括一张使用图，让观众了解如何使用该展品	展品标签至少包含一张人形图像	展品至少包含一件大多数人见过的熟悉物品
展品互动		
展品的外观和感觉可描述为家庭式、个人式、自制或精巧	展品的外观和感觉可描述为诙谐、幽默或奇异	展品可供多人进行多点或多侧体验
展品互动		
展品的设计空间可容纳3名或以上的观众	展品的设计让观众能够观看他人体验，相当于预览	展品采用开放式设计，提供多结果、多活动或多互动方式

观众的性别差异导致的参观体验的不同在国内科技馆行业尚未引起足够的重视，相关研究尚属空白。虽然美国旧金山探索馆提出的EDGE设计属性对国内科技馆观众的适用性尚不明晰，有待进行本地化修正，但也可以

为展项研发实践提供倾向性的指导，即在展项设计过程中更多地融入 EDGE 设计属性，有利于提升展项对女性观众的吸引力。具体而言，可以制作 EDGE 量表，对新展项特别是 STEM 展品进行 EDGE 评分（9 分为最高分），对 EDGE 分数较低的展项要进行二次设计，加入更多的 EDGE 设计属性。

此外，亲子家庭、学龄前儿童及小学生、成年女性这三个核心观众的子类看似各不相同，实则可以进行进一步的整合分析。亲子家庭是由未成年子女和非隔代家长，即父母构成的，且亲子家庭中的未成年子女大多属于低龄段，即很多亲子家庭中的子女是学龄前儿童及小学生，由此可见，第一类核心观众（亲子家庭）在大多数情况下是包含第二类核心观众（学龄前儿童及小学生）的，当然，学龄前儿童及小学生也经常以学生团进行集体参观。但在散客中，学龄前儿童及小学生大多是由家长陪同，即以亲子家庭的形式完成参观体验的。第三类核心观众（成年女性）中也与第一类核心观众（亲子家庭）有相当大的重合部分，因为成年女性中也有相当大的比例是亲子家庭中的母亲。对于展项研发部门而言，无疑需要针对亲子家庭这个核心观众群，研究与之相适应的展项设计属性，以增强核心观众的用户黏性。

二、增强展项叙事性，建设科学文化，培育深度参与的理想观众

这里“理想观众”的概念是由苏西框架下的“博物馆倡导者”发展而来的。博物馆倡导者在来访观众中所占比例是最低的，他们已经与博物馆建立起了情感上的联系，对博物馆的展品的参与度较高，乐于学习，在闲暇时会选择去各种博物馆进行参观。对比核心观众和博物馆倡导者对博物馆的参观模式，可以发现博物馆倡导者基本上是从小就开始参观博物馆的，因此当他们为人父母后，也会带着自己的孩子来参观各种各样的博物馆。这样就形成了一种终生的博物馆参观习惯。相比之下，核心观众的参观模式就有显著的不同，他们会在孩子小的时候带他们去儿童乐园和动物园，核心观众不会像博物馆倡导者那样在孩子很小的时候就带他们来博物馆，在孩子年龄较大后，核心观众就会退化成随意观众，参观博物馆的频率也会大大降低。这样的循环会一直持续下去，即核心观众的后代也会是核心观众，始终无法与博物馆建立持续的情感纽带。

可见，科技馆的研究设计部门研发、设计对核心观众具有足够吸引力的展品只是万里长征的第一步，如若局限于满足核心观众的诉求这一点上，不继续提升展品质量，那么核心观众将会永远是核心观众，而不会变为博

物馆倡导者，甚至有可能退化为随意观众或普通大众。如何培育与科技馆有着情感纽带的理想观众，或科技馆倡导者，才是科技馆保持其旺盛生命力的必由之路。可以看出，苏西对博物馆观众的分析，不仅是将其分为四大类型，更指出了一条博物馆观众的成长路径，从普通观众、随意观众，到核心观众，再到博物馆倡导者，其概念涵盖的观众人数越来越少，概念本身也愈发缩紧，与数量的锐减相辅相成的是观众质量的提升，作为展项研发部门需要思考的是如何培育更多的理想观众。而对于这种理想观众的培育而言，最为便捷、高效的一条路径就是将核心观众转变为博物馆倡导者。

上文中我们定义的核心观众仅是从来访观众的比例上划分的，即亲子家庭、学龄前儿童及小学生、成年女性观众是来访观众中最主要的组成部分。但从展项参与深度来看，三者对展项的参与度不尽相同，特别是亲子家庭中的父母，多数情况下是出于看护或陪伴孩子的目的来到科学中心的。如何将核心观众中这部分对展项参与度不高的观众转变为深度参与展项的理想观众，即如何将苏西框架下的核心观众发展为博物馆倡导者，是值得展项研发部门进一步思考的。具体而言，我们面临的问题就是如何将亲子家庭这个核心观众群培养为科技馆倡导者。亲子家庭不仅包含学龄前儿童及小学生，而且还包含为人父母的成年观众。作为家长的成年观众当然很大程度上会考虑未成年子女的兴趣，但从个体的角度而言，他们本身也应具备参观科技馆的兴趣和动机，如果只是作为孩子的陪伴，而不参与展项体验，那么长久来看，这种参观行为并不成立。展项研发部门应进一步思考的问题是如何提升展项对成年观众的吸引力。

与儿童不假思索地“动手玩”不同，成年观众参与展项体验需要展项被赋予意义，增强展项的叙事性，从而在情感上与展项建立联系。在叙事性这一点上，科技馆需要向博物馆学习。博物馆展品作为人类集体记忆的载体，具有强大的叙事能量，无论是按照历时性线索从古至今展开时间叙事，还是按照共时性线索从远及近开展空间叙事，博物馆展项都能较为系统地展示某个主题，每件展品在历史的钩沉中已然与人类发生过这样或那样深刻的互动，成为某个动人心弦的历史故事的触发器，只需陈列展出，展品就能自主地展开“物叙事”。相比博物馆中只可远观、不可亵玩的展品，科技馆中的展品由于强调与观众的互动性，几乎变为低龄观众手中的玩具。且由于一直以学龄前儿童或小学生为目标人群，某些主题的展览形式较为低龄化，只能蜻蜓点水、点到为止，无法形成较为完整的叙事体系。展项研发设计部门需要调整目标人群，尝试纳入成年观众的视角，从而更加多元化地阐释既定主题，而不必局限于儿童视角。

考虑到本次研究的调查结果中，成年女性观众的比例略高于成年男性观众，我们还应进一步思考如何提升成年女性观众的展项参与度，即如何将核心观众中的成年女性观众转变为类似科技馆倡导者的理想观众。上文提到的在展项设计中融入EDGE设计属性固然是展项研发设计实践中切实可行的举措之一；此外，提升成年女性的展项参与度从广义上讲还涉及科学文化的建设，让科学与个体的主体性建构建立联系，而这无疑又是一项长期的、更大范围的整体性系统工程，需要集各方之力共同谋划，此处不再赘述。

三、通过各种形式做到常展常新，以保证观众的可持续性参观体验

从研究结果来看，“看新展览”是构成观众再次来访意愿中非常重要的原因，在普通散客观众是否愿意再次来访原因统计中所占比例为21.4%。虽然调查问卷中并未对“新展览”加以定义，但不难理解，从观众的视角出发，任何与前次来访过程中看到的展览不同的展览都将被他们视为“新展览”，这就要求展项研发部门思考如何做到常展常新，并不断付诸实践，以保持观众的保有量。具体而言，即进一步加强目前工作中的新馆建设、一期展馆更新改造和临展引进工作，同时思考常展常新的其他可行途径，不断丰富科学中心的展示资源，持续吸引观众来馆参观。

展项研究设计部门应坚持自主创新，吸收借鉴国外优秀科技馆经验，拒绝照搬照抄，以展馆更新改造和新馆建设为抓手，为观众提供优质展品展项。实际上，经过从2014年到现在5年的展馆更新改造，一期展馆的面貌已经焕然一新，经更新改造的展厅的观众参观人数实现了翻倍式的增长。2018年以来，两大新馆——广东省低碳新能源汽车体验馆、广东省食品药品科普体验馆的建设，更是把展项研发设计工作推向了新的高潮，在未来的一年时间内，将有百余个新主题、新形式的展项与观众见面，给观众带来一波又一波“新展览”的冲击。这种创新不是零星的、散点式的，而是规模化、集群化、长期性、系统性的。近5年来，观众持续感受着科学中心的变化，这对观众的可持续性参观无疑发挥了强心剂的作用。

目前一期展馆除了“飞天之梦”展馆外全部实现了更新改造，两大新馆的建设工作虽然还在如火如荼地开展着，但也将在未来一年内完成。那么一年后，除了更新改造“飞天之梦”展馆以完成所有一期展馆更新改造之外，如何再为观众持续提供优质的展品展项，是需要提前布局规划的。

诚然，作为世界最大的科技馆，即便在两大新馆建成开放后，广东科学中心仍有大量实体空间可以进行布展规划，如室外展区、中庭展区等，但对于这些展区的规划与策展需要展项研究设计部门以不同于传统室内展厅的方式创新地开展，瞄准科学中心的核心观众，运用更新改造和新馆建设的宝贵经验，源源不断地为观众献上“新展览”，并通过优质新展将核心观众培育为理想观众。

四、结语

本次观众调查是广东科学中心开馆以来最为系统、全面的一次观众研究，从中心整体层面思考规划，历时近一年时间，通过对观众基本信息的统计，如性别、年龄、职业、学历、居住地、交通方式等，掌握了观众人口统计学特征的基本情况，了解现有观众群体；通过对如服务设施、工作人员、设施安全度等服务质量的评价，了解观众来访的感受；通过调研临时展览的作用、参观的展厅、体验过的科学表演剧场、讲解服务、科普电影的使用情况、户外展区的使用情况等，了解了观众对科普内容的感受；通过调查观众对科学中心的看法、来访目的、期望值、信息渠道、是否愿意再次来访等，知晓观众的真实需求，了解了观众的参观目的。总体而言，本次观众研究主要完成了观众分类和观众满意度两大方面的研究，并在这两个方面取得了一定的研究成果，但仍存在进步和提升的空间，具体而言，本研究存在以下不足。

1. 观众的分类研究有待细化

对 18 岁以下观众的分类中，只包含年龄段的划分，未涉及性别的区分。本次研究的一个重要结果是在成年观众中，女性多于男性，而遗憾的是未成年观众的性别比例并未做调查。观众的差异性是观众的态度和行为的重要影响因素。建议后续研究中补充相关调查，以进一步明晰核心观众画像，以便更加准确地瞄准核心观众开展展项研发与设计。

2. 观众满意度研究有待与展项评量相结合

综观全球观众研究的发展，展项评量一直以来都是观众研究的核心内容。从观众的角度出发，对展项开展开发前的前置评量、形成性评量/原型设计和测试、整改性评量、总结性评量是开展展项研发的有力指导和评判展项成功与否的重要方面。虽在前期工作中开展过一次面向绿色家园展厅更新改造展项的总结性评量，但缺乏完整的对展项研发全链条的评量，且本次观众研究未涉及具体展厅或展项的评量，有待后续研究中开展系统性的展项评量研究与实践，直接服务于展项研发与设计。

综观观众研究理论的发展，格林希尔（Eilean Hooper-Greenhill）[3]认为观众研究经历了一种由“把观众视为无差异的大众到开始把观众视为复杂文化视域中主动的阐释者和意义生成实践的行操演者”（2006：362）的转变。她指出，观众研究理论的转变还包含从行为主义心理学和“专家到新手”的传播，到近十年来的“阐释性范式”的转变。许多早期观众研究设计的问题都是测试公众是否掌握了展项想要传递的专业知识。观众无异于海绵，遇到博物馆提供的专业知识就要吸收，特别是在科学和自然历史博物馆，展项评估通常是基于其是否能有效地向观众传递知识。在这样的范式下，展项的设计无异于将知识打包，帮助知识顺利跨越专家和观众之间的鸿沟。而在“阐释性范式”下，展项设计是观众体验的一部分，对于体验的建构有着更加深远的影响，而不只是提供展示内容的媒介。[4]（Macdonald，2007）

观众研究从“传播”到“阐释”的范式转变也传递给展项研究设计者一个重要的信息：“作者已死”[5]（Barthes，1977），策展人的意图无法决定展项的呈现，展项一旦完成，其意义便留给观众解读，展项的意义只产生并存在于其与观众的互动中。这就要求展项研究设计人员放下曾经“造物主”的光环，到观众中去，屏息聆听观众的声音，从评估观众到以观众为核心、通过观众的反馈评估展项，以展项评量为目标持续开展观众研究，准确把握核心观众画像，研究符合核心观众画像特征的设计属性，增强展项叙事性，培育深度参与的理想观众，常展常新，保证观众的可持续性参观体验。

参考文献：

[1] WILKENING S. Moms, museums, and motivations: cultivating an audience of museum advocates [J]. ASTC dimensions—connecting with the community: science centers and their core audiences. January/February 2009: 3, 4, 6-8.

[2] DANCSTEP (NÉE DANCU) T, SINDORF L. Exhibit design for girls' engagement [R]. Exploratorium, 2016.

[3] HOOPER-GREENHILL E. "Studying visitors", a companion to museum studies [M]. Eds. Macdonald S. Blackwell: Oxford, 2006: 362-376.

[4] MACDONALD S. Interconnecting: museum visiting and exhibition design [J]. CoDesign, 2007, 3: 149-162.

[5] BARTHES R. "The death of the author", image music text [M]. Ed. and Heath S Trans. New York: Fontana Press, 1977.

第三节 吸引女性观众的展览叙事

摘要：美国纽约自然历史博物馆的"神秘海洋"展将水的不定性、流动性融入展览叙事，通过解域化的故事、话语和空间构境探索主体向他者的生成，重塑主体建构的可能性，在静谧与幽暗中体验自我的消逝与永恒的成为。在故事层面，选择海洋这一女性母题；在话语层面，采用翻译干涉的女性主义叙事介入、吸引型的叙事距离、女性叙事者的叙述声音、故事内叙事的叙事视角；在结构层面，采用垂直下潜的叙事空间。女性主义叙事策略的综合运用建构了女性意识，为女性主义展览叙事提供了示范，有利于吸引女性观众更好地理解与参与科学，回应了当代科普伦理的内在需要。

关键词：女性主义；叙事；展项；海洋；空间

科技馆学界对叙事研究已不算陌生，尤其在展项研究领域，如何利用叙事研究的方法和技术来做好科普展览已成为近年来学界关注的热点。叙事学家将叙事作品分为"故事"和"话语"两个不同的层次，前者可以理解为作品"再现"的外部世界，属于"摹仿"层，而后者则可以理解为作品对外部世界的"表现"，属于"叙述"层。将传统的言语叙事延续并迁移至展项叙事，在保留故事和话语的叙事二分法基础上，考虑到展项区别于文字的独特空间特性，增加了"结构"层，关注展项叙事的空间形式，形成了故事、话语、结构的展览叙事框架，在此基础上探索女性主义叙事策略的表征与理据，以美国纽约自然历史博物馆的"神秘海洋"展览①为例，思考科技

---

① "神秘海洋"（Unseen Oceans）展览由美国自然历史博物馆联合美国、英国等国家的顶尖科学家与设计师创意设计，展览分为导言、奇幻漂流者、神秘生物、遇见巨型生物、潜入深海、无形边界、丰饶的海洋和结语8个展区。展览带领观众从阳光普照的海洋表面到达海洋幽深之处，探索最新的海洋科学、运用最新的机器人技术及卫星技术揭开神秘海洋的面纱。展览面积达800平方米，以荧光生物模型、180度环幕、海洋地形互动沙地、科普剧场、虚拟下潜游戏、科研纪录片等互动方式展示海洋科学知识。让观众在交互中探索海洋深处；在科学探索与趣味体验中，思考我们如何保护海洋的未来。该展览于2020年11月20日至2021年6月在广东科学中心展出。

馆展览女性主义叙事策略的理论与实践，该展览采用的女性主义叙事策略见图5-1。

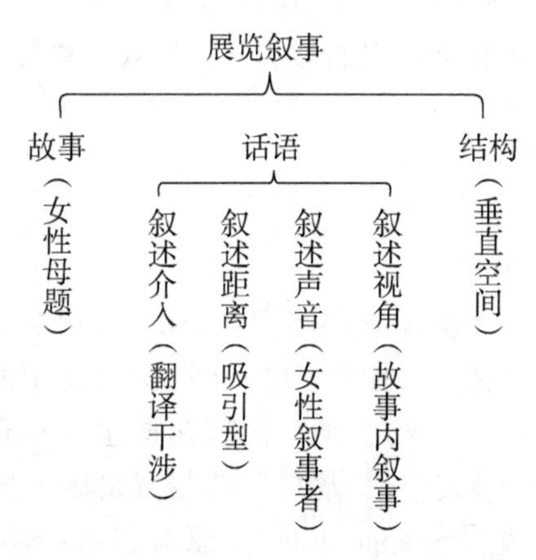

图5-1　“神秘海洋”展览女性主义叙事策略

一、故事：女性母题

水是一切生命之源，是重要的生命载体，孕育、滋养着世间万物。人类无意识里对水的渴望赋予了水以母性。水在人类原始记忆的物质联想也使许多诗人描述水的时候将其比喻成母亲。[1]对水的母性想象与古希腊人对生命始源的思考有关系，古希腊人在思考生命始源问题时，就自然而然地将水意象与母性想象联系在了一起，泰勒斯提出“水是万物的始基”，认为万物最开始都是由水形成的，并且万物最终都可以“还原于”水。[2]黑格尔认为水不仅是生命的始源，还是艺术家创作灵感的源泉，滋养着艺术家的灵魂。[3]水意象的母性想象可见一斑，而作为水域概念的海洋也是一种重要的女性母题，法国当代科学哲学家、文艺诗学家巴士拉（Gasiou Bachelard）认为孕育了丰富生命的海洋成为一种“黏液”，这种“黏液”让人联想到“母乳”，[4]而海洋—水—母亲的联系是许多诗人灵感的物质联想逻辑。

在“神秘海洋”展览中描述海洋的定语主要分为两类，一类与其孕育生命的母性特征相关，如生命的（vital）、丰饶的（abundant）等，另一类则与其神秘莫测的女性气质相关，如未被发现的（unseen）、神秘的（mysterious）、秘密的（secret）等，可见，展览中的海洋兼具母性和女性特质。展览开宗名义，在序厅中就交代了海洋隐喻的双重性，“站在沙滩上看，海洋安详、舒缓、波光粼粼，但在海洋深处，却是另一个光怪陆离的世界”，这种阳光照耀的海面给人的温暖与漆黑的深海带给人的不确定性构成了海洋母题的两个方面，阳性的科学技术与阴性的未知自然亦形成一对相对应的意象，在多重隐喻对偶和复合作用的影响下，观众建构着对海洋母亲的想象。

二、话语

1. 叙述介入：翻译干涉

女性主义学者加拿大翻译家弗洛图（Louise von Flotow）在《翻译和性别："女性时代"的翻译》一书中归纳了女性译者常用的三种干预叙事的翻译策略：增补（supplementing），加写前言和脚注（prefacing and footnoting）以及劫持（hijacking）。[5]其中，"劫持"是指译者因为质疑原文在语言和思想层面的表达，尝试改写（appropriate）原有叙事中不具有女性意义的文本，并采用创造性的译法对文本进行重新解读，是一种对原文的操纵，使语言女性化，以让女性的声音被听到、女性的身影被看到。法国当代女性主义理论家西苏（Hélène Cixous）认为女人用"白色墨水"（乳汁）书写，从躯体到欲望，女性的文字如河流般自由流淌，说出了一切未被言说的可能性。[6]受西苏所提倡的阴性书写的鼓舞，更多的女性拿起笔来书写只能被女性所感知的独特身体体验。

在"找找我的小宝贝"匹配游戏这个展项的展台上印有如下文字："Some plankton are baby animals—and I used to be one! To find my baby picture"，在引进展项的汉化处理后，将上述文字翻译为，"这些浮游生物里有一个和我小时候长得一样！在墙上找到我的宝宝"。此处将"baby picture"翻译为"我宝宝的照片"，而原文对应的一般意义上的中文表达应为"婴儿时的照片"，可见，译者在此处进行了翻译过程中的改写，即将"我婴儿时的照片"改写为"我宝宝的照片"。这种改写在女性主义叙事上具有重要的意义，体现了弗洛图女性主义翻译（叙事干预）中的"劫持"策略，在原本第一人称、自我中心式的祈使句中加入了"他者"（孩子）① 的形象，通过话语构境，在叙事中融入了对子女的孕育和抚养体验，而这种体验对于成年女性观众，特别是亲子家庭中的母亲具有独特的吸引力，从而提升了展览

---

① 在德勒兹（Gilles Deleuze）"生成他者"（becoming-other）的若干轴线中，孩童，因其非理性的行为和言语特征，也是一种"他者"。

对该部分核心观众①的吸引力。

2. 叙述距离：吸引型

女性主义叙事学领军人物美国学者沃霍尔（Robyn Warhol）在《性别化的干预》一书中区分了“吸引型”和“疏远型”叙述形式。前者指叙事者的介入使读者与受述者产生认同，后者指叙事者的介入使读者与受述者产生距离。沃霍尔研究发现，吸引型叙事者在女性作家的作品中出现的频率要远远高于男性作家，而疏远型叙事者则更常见于男性作家，因此可将吸引型看作女性技巧，将疏远型看作男性技巧。沃霍尔进一步指出，吸引型女性叙事策略的运用对作品的虚构性产生了淡化的作用，从而增强了作品的现实性。[7]从某种意义上说，相较于虚构性和疏远型的男性叙事策略，女性叙事更偏向于采用现实性和吸引型策略，并运用这些女性叙事策略建构女性意识。

在“潜入深海”剧场外墙的“深海潜水员”图文版中，对海底测绘工作的科学传播是通过第一位乘坐“阿尔文”号潜水器潜水的非洲裔美国女性道恩·赖特的工作体验来展开的。暂且将这位双重边缘化叙事者的“他者”②视角问题搁置至后续小节再议，聚焦叙事距离问题，可以发现在展板右下方印有这样的图文，“必要装备‘我的史努比！’”，世界上到过海洋最深地方的3个人中的一个向观众讲述她下潜的必要装备是自己的史努比毛绒公仔。严谨的科学性表述——“必要装备”与活泼的日常语言——“我的史努比”之间也形成了话语上的张力（tension），营造了一种诙谐的氛围。深不可测的海底、陌生的科学探索工具（潜水器），这些超出日常经验的未知之物给观众造成的距离感（distance）就这样被一个亲切可爱、众所周知的卡通动画形象消解了。这种现实性、吸引型的女性叙事风格不仅有利于增强女性观众的驻足力（holding power），还通过身份认同与话语构境启迪了女性观众对科学事业的追求。

3. 叙述声音：女性叙事者

女性主义叙事学创始人美国学者兰瑟（Susan Lanser）在《虚构的权

---

① 《现代科技馆观众调查的研究与实践——以广东科学中心为例》一书中记载了2018年广东科学中心年度观众调查的结果。笔者从展项研发的视角出发，对调查结果进行分析与阐释，发现成年女性观众，特别是亲子家庭观众中的母亲，是广东科学中心的核心观众。

② 在德勒兹“生成他者”的轴线中，少数族裔和女人均为“他者”，而少数族裔女性则是双重边缘化的“他者”。

威》一书中区分了“作者型”“个人型”和“集体型”三种叙述声音模式，其中“个人型”叙述声音是“自身故事的”第一人称叙述，即将故事的“我”和故事的主角“我”为同一人；而集体型叙述又分为三种：“某叙述者代某群体发言的‘单言’（singular）形式，复数主语‘我们’叙述的‘共言’（simultaneous）形式和群体中的个人轮流发言的‘轮言’（sequential）形式。”[8]女性主义叙事倾向于采用私下的“个人型”叙述声音以达到倾诉的言语效果，辅以“集体型”叙述声音以实现自我权威化，建构女性主体意识的同时也建立了女性的话语权威，让女性的声音为人信服，女性的内心活动与生存境况得到社会更广泛的关注。

在“奇幻漂流者”（海面下200米深度区域）展区的“认识科学家”（原文为“Scientist at Work”，译为“工作中的科学工作者”更为准确）板块“食物链专家”展项介绍了加州莫斯兰丁的蒙特雷湾水族馆研究所的女科学家Kelly Benoit-Bird和她从事的海洋生态系统研究工作，将她的工作内容的视频投影到圆柱形白模倾斜的剖面上。整段视频投影中都未见到这位女科学家的身影，展项图文版以“看不见，听”作为标题，颇具女性主义叙事意味。就像她所研究的大多数海洋生物一样，女科学家的身影无法为我们所见（因为光波无法穿透到海洋深处），但通过声呐/声音，我们可以探测/聆听——海洋生物/女性，即通过女性的叙述声音，我们得以在想象的空间中与这位女科学家相遇。

叙述声音由她本人，即女叙事者的个人型和集体型声音相互交织而成。个人型的“我”的声音再现了一种个性化的体验，“我最大的一个优势就是我的爸爸是一位机械工程师。我一直就是爸爸的小助手，很小就开始认识工具、修理东西”。这里女叙述者仍在借用父亲这一男性的刻板化印象（stereotype）建立自己的科学家形象，实则是在男性理解惯性与期待视野中的权宜之计。集体型的“我们”则讲述了她和研究团队的共同经历，“我们知道这太难了，但我们必须要做到，幸运的是，我们全做出来了”，这里女叙事者采用了“共言”形式——“我们”的集体型叙述声音替自己和研究团队发声，而并没有采用“单言”形式的“我”来代表她所在的群体发言。“共言”相较于“单言”更突出的是女性群体的共在性，建构属于女性群体的话语权威的同时，又保持了个体的差异性，使女科学家这一群体希冀被认可与尊重的女性意识得以抒发与表达。

另一处值得注意的叙述声音出现在该展览的剧场影片叙事中。影片中的叙述声音呈现了男女“轮言”式的集体型声音，在女性叙事者安详、舒缓地向观众介绍所处水层环境及生物的叙述声音中偶尔掺杂着男性科学家急促的实际操作潜水器的声音："控制中心、控制中心，生命维持系统正常，通风口安全，正在下潜，完毕""通过200米水深，继续下潜，完毕""我们要采集海面标本"。可以看出，男、女叙事者处于同一空间、共享同一视角，但观众却更容易与女叙事者产生身份上的认同，因为男叙事者在这里只是作为孤独的机器操作者，做着机械化的陈述，而女叙事者则敞开自我，拥抱海洋与生命，以观众视角讲述着海洋生物的故事。这里女性叙述声音以更加开放和包容的姿态，接纳男性叙述声音，通过与观众的感同身受，将潜入未知海域的冰冷，转化为与你同行的温暖。

4. 叙述视角：故事内叙事

法国结构主义符号学家、文学理论家托多罗夫（Tzvetan Todorov）将叙述视角分为全知视角、外视角和内视角三种。全知视角又称为零视角或上帝视角，用符号表示，即叙事者 > 人物，指的是叙事者如上帝般全知全觉，比任何人物知道的都多，而且可以不向读者解释这一切他是如何知道的，读者只是被动地接受故事和讲述。在传统科普展项叙事，乃至目前大部分科技馆的展项叙事中，大多数都是通过这种全知视角叙述的，以此体现科学原理和操作说明的严谨性和逻辑性。叙事者是权威化的中心，观众被视为"空瓶子"，观众被灌输着毋庸置疑的科学知识，知识由权威中心向观众进行着单向传递，观众被边缘化，与权威中心处于非平等关系，叙事者/权威中心与观众的关系与历史上的"缺失模型"对应的"公众接受科学"的早期科普形态相符，但随着公众与科学的关系由接受走向理解与参与的演变，这种全知视角的展项叙事已然无法匹配新的科技传播形态。

与全知视角相反的是外视角，即叙事者 < 人物。叙事者比所有人物甚至观众知道的都少，具有一种"无知性"。从理论上而言，采用外视角叙事，就如同采用全知视角一样，都会造成知识的单向流动，即外视角叙事会造成知识从观众向展项的流动，造成科学的"反向"传播。在实践中，这种逆向的传播适用于展示行动中的科学，而非形成了的科学，在自媒体时代非中心化，或中心的非确定性与情境化环境中也具有其独特的意义，此处暂不展开详述。

内视角，即叙事者 = 人物，法国结构主义学家热奈特又称之为"内聚焦叙事"，包括故事内叙事和故事外叙事两种情形。"神秘海洋"展览叙事的一大特点是大量采用了第一人称内视角的故事内叙事，叙事者讲述自己的事情，这种叙事方法本身就带有亲切感和真实感，是一种天然的吸引型叙事，既可以进行内心独白，又可以让观众借由叙事者的感觉、意识，从她（该展览的叙事者多为女性）的视觉、听觉及其他身体感受的角度去接触科学。除了第一人称内视角故事内叙事的运用，该展览叙事的另一显著特点是自由引语的大量使用。自由引语是指不加任何引导句的引语方式，是在现代小说中才出现的新模式，展现了叙事话语生成的新可能，仿佛女性叙事者直接跳脱了图文的束缚，敞开心扉、自由地对观众诉说自己最真实的感受。可见，特定的叙事形式制约着观众的接受、理解与参与科学的效果，观众的反应也将影响策展人对叙事形式的选择。

三、结构：垂直空间

对叙事时间的研究由来已久，但对叙事空间或空间叙事的研究却在近年来才受到学界的关注。传统叙事学以文本研究对象，叙事空间是基于哲学、物理、心理学、社会学的空间理论形成和发展起来的，是读者对作者在叙事文本的故事和话语层面空间化设置的知觉性或想象性建构。在文本内部，字符符号之间形成一种交织或连续的关系，这些关系构成文本中的空间意象或空间结构，透过这些关系，可以获取其后的空间形式。[9] 当将叙事结构的研究对象从语言扩展到展项、展览等，想象仍是叙事空间的核心。从策展人的角度而言，是把内心对叙事空间的想象外化为现实；从观众的角度而言，则是通过再造想象对创作主体创造的叙事空间的复建。

正如位于“神秘海洋”展览“无形边界”展区的剧场播放的“潜入深海”纪录片所描述的，“我们将在全球各地的不同海洋开始下潜，从海面一路直达海底，沿途我们将会看到各种海洋动物，它们的生存之道可谓千奇百怪，我们将根据这些海洋动物的栖息环境，揭开它们所面临的生存挑战”，该展览将故事设置为对海洋不同水层生物及其生存环境的科学普及。展览的叙事结构与故事内容保持一致，实现了内容与形式的和谐。展览动线上设置了不同水层的提示牌：透光带（sunlight zone，深度 0 ～ 200 米）、珊瑚礁（coral reef，深度 0 ～ 550 米）、远洋辽阔（open ocean，深度 0 ～ 1000 米）、海床（seafloor，最大深度 11 千米），带领观众乘坐潜水器从海洋表面下潜至透光带、微光层、中层带、深海带，探索神秘的海底世界。

通过沉浸式多感官媒介将同一平面上的展览塑造为下潜的垂直分布式叙事空间。视觉设计上该展览整体浸润在暗环境中，通过灯光、灯带、荧光、多媒体屏幕、投影等光源的引导才能看到具体展示内容，这些人造光源象征着前沿科学工具（潜水器等）的“发现之光”对未知自然界（深海）的探索，将仅依靠我们的身体和视觉器官无法见到的（呼应展览题目中的“unseen”）“存”与“在”呈现出来。随着下潜深度的增加，布展环境灯光愈发减弱，到最深的海床区，地面上只剩下代表着纵横交错的测绘线的网状荧光条，与冷色的背胶形成鲜明对比，观众走在其间，好似踩在深不见底的万丈深渊，这种海底最深处的沉寂与荒凉又被环境中汩汩的水泡声增强了，观众沉浸在这声与光形成的海底空间场域内，想象深海的幽暗与寂寥。

四、结语

英国浪漫主义诗人柯尔律治（Samuel Taylor Coleridge）认为每一首诗歌都像是一棵自然生长的植物，根据自身规则长成最终的“有机模式”。[10]“神秘海洋”展在一定程度上体现了浪漫主义如水的有机美学，将水的不定性、流动性融入展览叙事中，通过解域化的故事、话语和空间构境探索主体向他者（女性、孩子、生物、环境等）的生成，重塑着主体建构的可能性，在静谧与幽暗中体验着自我的消逝与永恒的成为，为女性主义展览叙事提供了示范：在故事层面，选择了海洋这一女性母题；在话语层面，采用了翻译干涉的女性主义叙事介入、吸引型的叙事距离、女性叙事者的叙述声音、故事内叙事的叙事视角；在结构层面，采用了垂直下潜的叙事空间，这些叙事策略的运用建构了女性意识，这在一定程度上提升了女性观众，特别是亲子家庭中的母亲这一广东科学中心核心观众对展览展项的参与度。为进一步提升女性观众对科技馆展览的参与度，乃至女性对科学事业的热忱，科技馆在今后的展览策划中需要更多地关注女性故事，从女性视角开展现象叙事，鼓励女性策展人发声，采用女性叙事者，关注女性观众群体，让女性更好地理解与参与科学，确保不同性别的公众获得适宜的科普服务，这不仅是科技馆持续发展的需要，也是当代科普伦理的内在需求。[11]

参考文献：

[1] 齐佳敏. 西方美学中的水意象初探［J］. 广东海洋大学学报，2012，32（2）：84－87.

[2] 罗志发. 泰勒斯“水是原则”哲学命题来源解读［J］. 广西民族大学学报（哲学社会科学版），2007，29（6）：110－113.

[3] 陈也奔. 黑格尔与古希腊哲学家［M］. 哈尔滨：黑龙江人民出版社，2006：4－7.

[4] 巴士拉. 水与梦：论物质的想象［M］. 长沙：岳麓书社，2005：16.

[5] 张娜. 女性主义身体翻译的彰显与蔓延：以《我不是猫》英译本为例

[J]. 广东第二师范学院学报，2016，36（1）：53－56.
[6] CIXOUS H. The laugh of the Medusa [J]. Trans. Colen K, Cohen P, Signs: journal of women in culture and society, 1976: 875－899.
[7] 唐伟胜. 性别、身份与叙事话语：西方女性主义叙事学的主流研究方法[J]. 天津外国语学院学报，2007（3）：73－80.
[8] 姜麟. 叙事策略与女性意识的建构 [D]. 长春：东北师范大学，2017.
[9] 陈晓辉. 叙事空间抑或空间叙事 [J]. 西北大学学报（哲学社会科学版），2013，43（3）：156－159.
[10] 艾布拉姆斯. 文学术语汇编 [M]. 北京：外语教育与研究出版社，2004：178.
[11] 中国自然科学博物馆学会、中国科普作家协会等单位联合发布《科普伦理倡议书》[EB/OL].（2020－09－25）[2020－12－24]. https://www.thepaper.cn/newsDetail_forward_9337267.

第四节 “动情”科学教育及其科普展示化

摘要：对斯宾诺莎、德勒兹和马苏米视域下“情动”的方式和本质进行了对比，在斯宾诺莎—德勒兹—马苏米的情动本体论下，探究“动情”这一当代科学教育的发展趋势的主旨内涵，通过虚拟、疗愈、表象、联觉、生成、主体情动理论关键概念阐释“动情”科学教育理解科学精髓、享受科学之乐、感受科学之美、体验科学之用、意识科学责任、参与科学进展的主旨，并在科技馆和科学中心场域中寻求其科普展示化的案例并加以辨析，得出叙事是“动情”科普展示化的共性特征，提出“现象叙事”的概念，并对作为现象叙事的科技馆和科学中心展项进行了理论和现实层面意义的思考。

关键词：情动理论；动情；科普；展项；现象叙事

一、引言：科学教育的“动情”转向

20世纪后半叶以降，伴随着学校课程改革，科学教育领域发生了重要的范式变革，从20世纪60年代探究式的“动手”，到20世纪八九十年代建构主义影响下的“动脑”，再到21世纪科学与人文学科交融背景下的“动情”，反映了科学教育侧重点从科学内容向科学过程，再到科学语境的转向。如何在科学教育中涵养让学生足以为之动情的科学语境，近年来在科学教育领域兴起的STS（科学、技术与社会）、STEAM（科学、技术、工程、艺术与数学）、探客教育都对这一问题进行了一定程度的回应，但研究表明，受制于许多实践中的困难，上述理念很难在正规的学校课程中直接应用。[1]这就需要以非正规科学教育见长的科技馆顺应时代需要，在以“动情”为特征和趋势的21世纪科学教育理念下，开发与之相适应的科普展项，推动该理念的科普展示化。

近代科学中心的源头可以追溯到奥本海默创建于20世纪60年代、位于美国旧金山的探索馆。秉承当时先进的“动手”科学教育理念，奥本海默让科学展品走出展柜，让观众触摸、感受展品，由此激发观众的好奇心。“动手”也成为探索馆之后20世纪科技馆的一个恒常特征。[2]邦尼特认为科技馆“动手学”的科学教育理念虽然激发了观众对科学的兴趣，但仅此而已。[3]动手做、玩中学的体验中能学到多少科学知识，学者表示质疑。在“动手”的基础上，一种新的科技馆理念——“动脑”的科技馆出现了，胡珀—格林希尔和海因认为在科技馆和科学中心中出现的“动脑”运动受到了当时新兴的建构主义和后现代主义哲学思潮影响。[4][5]胡珀—格林希尔甚至指出，伴随着“动脑”和建构主义的实现，学界就将科技馆作为科学传播的中心，以及将科技馆教育视为文化建设及重构的一部分的观点日益达成共识。[6]

有学者指出，建构主义观念下的科技馆场域中“动脑”的科学教育凸显的是科技馆对观众智力和认知方面的培育功能。但观众参观科技馆或科学中心的目的并不仅限于学习，观众在科技馆场域中感受、享受、体验并参与科学文化。由此看来，科技馆和科学中心应当成为人们相遇并分享“动情”科学的场所。[1]为使“动情”的科学教育走进当今非正规科学教育领域，融入科技馆和科学中心的展教理念中，需要追根溯源，了解、掌握其发生的理论源泉，以更加深入、全面地审视“动情”科学教育的内涵，并在此基础上探索“动情”科学教育理念科普展示化的可能性。

二、情动理论（affect theory）——影响“动情”的重要哲学思潮

21世纪在科技馆和科学中心出现的“动情”运动受到了20世纪90年代以来兴盛于西方人文学术界的“情动转向”（affective turn）理论现象的影响。“情动”概念始于斯宾诺莎（Baruch de Spinoza），经由德勒兹（Gilles Deleuze）将其发展成为有关主体性生成的重要概念，经由马苏米（Brian Massumi）继承，形成了情动的本体论路径。[7]

“情动”在斯宾诺莎的《伦理学》中是一种身心同感觉、情绪相关联的状态。斯宾诺莎将“情动”视为主动或被动的身体感触，即身体之间的互动过程，这种互动会增进或减退身体活动的力量，亦对情感的变化产生作用，“我将情动理解为身体的应变，会使身体活动的力量增强或减弱、滋益或受限，同时也理解为这些应变的观念”。[8]德勒兹和瓜塔里在《千高原：资本主义与精神分裂》中对“情动”进行了创造性的阐释，将“情动”概念纳入其“流变—生成”的理论体系，进而着重阐发出所谓“积极情动”的面向。相较于斯宾诺莎，德勒兹更强调“情动”是介于两种状态之间的差异性绵延（duration），而非某一种单一的状态，是一种状态到另一种状态的持续变化。因此，情动表现的“不是被影响、被改变与被触动之后的身体，而是影响、改变、触动本身成为身体，身体就是能影响与被影响的行动力与存在力”。[9]“情动”经由德勒兹的阐释，成为一种积极且具潜能的所在，上升到了人生的本体论的高度。马苏米在英译德勒兹《千高原》过程中又通过注释的方式对“情动”进行了释义，他认为affectus是一种能够影响和受到影响的能力，是和身体的一种体验状态到另一种状态相对应的一种前人格化的强度，意味着身体的行动能力的增强或减少，affection将每一个这样的状态视为被影响的身体和发挥影响功能的身体之间的相遇。[10]可见“情动”在马苏米处是一种既主动（产生影响）又被动（接受影响）的力量或强度。上述情动理论的本体论路径可浅显地概括为表5－2。

表5－2 “情动”本体论释义的比较

代表人物	“情动”的方式	“情动”的本质
斯宾诺莎	被动为主	应变
德勒兹	主动	生成
马苏米	主动＋被动	能力

斯宾诺莎—德勒兹—马苏米的情动理论本体论路径将“情动”提升到了前所未有的高度，在哲学本体论的层面追问主体、身体、行动、亲密等理解经验领域的重要概念，[11]不仅揭示了在文化形成和实践中被忽视的感觉的重要性，更将以往未受学界重视、一直被排除在科学之门外的非理性的情感提升到了与智力同等重要的地位，推进了一种生产性的教育学，[12]情动可以促进行动力的增加（情动力的扩张：去情动和被情动的能力）、开始“变得有能力”[13]、身体与世界产生亲和性的共鸣，以及对更多生命或生命本身的敞开。[14]

三、情动理论下的“动情”及其科普展示化

情动理论激发了情绪、情感、情状、观念等非理性经验的生产性力量，在其助推下，“动情”于21世纪成为继20世纪六七十年代的“动手”和20世纪八九十年代的“动脑”之后科学教育领域的新趋势。作为一种生产性的经验教育，“动情”科学教育旨在让观众理解科学精髓、享受科学之乐、感受科学之美、体验科学之用、意识科学责任、参与科学进展。[1]需要指出的是，“动情”并不是独立于“动手”“动脑”的存在，而是深深根植于二者之上的更高阶段。这从“动情”科学教育的主旨就可见一斑。之所以说“动情”是更高层面的科学教育，是因为它不仅要让观众情动，即实现享受、感受、体验、意识科学的目标，还要让观众理解科学、参与科学。将“动情”科学教育指标与历时性的科学普及之缺失模型（deficit model）、语境模型（contextual model）、民主模型（democratic model）相对应的三种科学普及形态：公众接受科学、公众理解科学及公众参与科学形态[15]相对照，不难发现情动本体论理论的贡献：观众从被动地“接受”科学转变为主动地体悟（享受、感受、体验和意识）科学。为了更加深入地对“动情”科学教育进行阐释，下面就在情动理论观照下对“动情”科学教育的主旨加以分析，并在科技馆和科学中心场域中寻找能够体现具体主旨内涵的科普展项，借此探索“动情”科普展示化路径及其核心及共性特征，见表5-3。

表5-3 情动理论观照下的“动情”及科普展项

情动理论概念	“动情”科学教育主旨	科普展示举隅	科普展示化核心特征	科普展示化共性特征
虚拟	理解科学精髓	圣堂的背叛	生命共情	叙事
疗愈	享受科学之乐	机械木偶展	戏剧表演	
表象	感受科学之美	阿里与妮诺	动态雕塑	
联觉	体验科学之用	病毒的传播	感官交互	
生成	意识科学责任	万众一心	人文主义	
主体	参与科学进展	下一位科学家	移情操演	

1. 通过“虚拟”理解科学精髓：“圣堂的背叛”展示

马苏米在《情动的自治》中将“情动”与“虚拟”相关联，认为“情动”是“实际中的虚拟与虚拟中的实际同时相互参与，一方从另一方中出现，又回到另一方中。情动就是从实际事物的角度出发去看的这种两面性，在其感知和认知中表达出来”。[16] 2014 年，英国巴比肯艺术中心（Barbican Center）的“数字革命”展览中的交互式三部曲展品《圣堂的背叛》采用三张相连的巨型白色投影和黑色钢琴镜面的地面反射，通过感应器捕捉参与者的剪影，让观众和自己的影子互动，进行出生、死亡与重生的生命叙事。视觉图像之所以能引发情动，是因为它是物质化的情动，而在这个展项中，观众通过“虚拟”被物质化，成为一种对象化的存在，观众身体的投影与其他生命体影像发生解构、变形与重塑，在叙事化（出生、死亡与重生）的形式中演绎着人类与其他生命共舞的动情片段，使观众通过身体的情动，生成生命共情的观念，并以此理解人类与自然此消彼长而又和谐共生的科学精髓。

2. 通过“疗愈”享受科学之乐：“机械木偶展”展示

斯宾诺萨界定了快乐、痛苦和欲望三种基本情动，其中快乐和痛苦是所有情动的基础，[7] 而当心灵更充分地表象了身体的情动，它也就疗愈了自身，不断趋向于健康。[17] 马苏米在《情动的自治》中讨论了一个著名的实验研究案例，研究人员让一组 9 岁的孩子观看不同版本的视频短篇，结果显示悲伤的场景被认为最有快感，越悲伤、越快乐，且最愉快的版本是无声版。始建于 1996 年，在由来自苏格兰格拉斯哥沙曼卡动力剧院的俄裔机械雕塑大师爱德华（Edward Bersudky）创作的 2 米多的大型金属机械剧场中，基于同名小说、反映 20 世纪 30 年代苏联文人压抑的生存境况的

“大师与玛格丽特”，反映俄国革命和内战期间交战双方乘坐列车穿越俄国广袤的土地、奔赴战场与死亡的“东方快车”，以及展现俄罗斯民族精神和性格的“勿忘我”等展品以悲伤的叙事氛围、缺席的语言、戏剧的呈现方式，在异国的音乐、黑暗的背景、光怪陆离的灯光的配合下，如永动机般无言地诉说，让观众为之动情，通过疗愈机制享受科学机械带来的快乐。

3. 通过“表象”感受科学之美：“阿里与妮诺”展示

“表象”（representation）是斯宾诺莎的另一重要概念，德勒兹对斯宾诺莎的“表象”进行了阐释，并指出，情动首先体现于身的层次，然后心经由对身的“表象”才最终展现自身内在的倾向，进而转化为清晰而充分的观念。[17] 2010年格鲁吉亚雕塑家塔玛拉（Tamara Kveitadze）创作设计并安装完成的《阿里与妮诺》是一对8米高的动态男性和女性身形的钢雕塑，位于格鲁吉亚巴图米的海边。男女雕塑每天穿过彼此，讲述着悲伤的爱情故事，诉说着1937年同名小说中发生在高加索地区的一出爱情悲剧。雕塑每晚7点开始移动，随着距离的缩小，呈现短暂的拥抱，然后穿过彼此的身体，背道而驰。整个运动过程大约持续10分钟。该机械雕塑由于导入了“时间”要素，从而成为叙事的具象时空体，与观众个体的情感经验产生共鸣，其情动跌宕强度之剧烈使得观众即使对雕塑讲述的小说故事一无所知，也会为之心动，欣喜于邂逅/重逢一刻那转瞬即逝的美好，感慨于分离/背离后渐行渐远的距离，心灵对目之观进行表象，形成对于物体相遇与分离相关的科学之美的个体认知。

4. 通过“联觉”体验科学之用：“‘看得见’的病毒传播”展示

马苏米指出，“情动是虚拟的联觉视角，他们定着于（功能上受限于）实际存在，特别是具体体现了他们的事物［……］实际地存在着的有结构的事物，生活在逃脱了它们的东西之内，也通过他们而存在。”[7] 广东科学中心“战疫——抗击新冠病毒专题展”的“看得见”的病毒传播展项通过视觉和触觉感官装置来实现对病毒的传播这一健康素养知识的科学传播：观众用手接触投影幕，代表病毒的多媒体元素随即爬向人体，并大量复制、增多，以此表现病毒性传染的机制。这个装置之所以能让观众情动，实现“动心”科学教育的体验科学之用的目标，是源于观众在虚拟世界和现实世界感觉形成了连续统：虚拟世界中观众通过视觉识别运动的“病毒”，而在“病毒”超越界面，进入现实世界后，观众看到它们移动到自己的手上，视觉体验似乎变为触觉体验，观众仿佛感受到“病毒”活生生地爬在自己的手上。这种虚实结合的感官交互装置挑战着观众的感知经验，通过“联觉”

刺激观众的感觉，促成情动，并以此为形式让观众体验具体科学知识或方法的有用性。

5. 通过“生成”意识科学责任：“万众一心”展示

德勒兹关于情动的核心论述可以阐述为“情动”即“生成”。“生成”就是向他者的转变过程，是一种“去成为……”的行动；情动，作为一种存在力量之流变过程，就是一种积极的生成性实践。[18]广东科学中心“战疫——抗击新冠病毒专题展”的“万众一心”展项主体为一个由若干 LED 屏组成的心形多媒体互动体验装置，装置前设置 3 个收音机构，当观众一起呼喊“中国加油!”/“武汉加油!”时，当声浪到达一定程度时，整个红心闪烁。观众的情动由其具体身体行动（呼喊）激发，情动强度随行动强度（呼喊强度）的增强而增强，达到阈值触发战胜疫情的良性结果。为战胜疫情尽一分心、出一分力、发一分热，观众通过生成性情动实践，体悟举国同心、命运与共的抗疫精神，体会科学的人文主义关怀，意识到科学在抗疫过程中的重任。

6. 通过“主体”参与科学进展：“下一位科学家”展示

情动体现的是身体的主动行动的能力，其中蕴含着重塑主体性的力量，这种力量一旦被重新激活，情动与行动之间的关联便得以唤醒。“每当我们考察心灵的思索能力之时，也必须努力确认与之相应的身体的行动能力”，[19]这也是情动理论的“实践”向度，心灵通过表象情动、生成观念，而这种生成的观念又会反过来作用于身体，用《尼采与哲学》中的话来说即“生成 - 能动”。广东食品药品科普体验馆的药剂天下展区设计了以高耸至顶的历年诺贝尔奖展墙、架满了镌刻西药品名的试管墙构造的医学殿堂，对西医发展历史与研究进行了概念化呈现。在这类展示中，若能将观众与家喻户晓的科学家名字和成果并置，让观众成为下一个摘得诺贝尔奖桂冠或以其名字命名小行星的科学家，便能更好地激发观众参与科学发展的行动力，让观众在移情操演中理解和领悟科学家的心路历程，以情动驱动行动。

马苏米在《情动的自治》中描述了一个由德国电视台拍摄的实验性的短篇故事：一个人在屋顶花园上堆了一个雪人，雪人在午后的阳光里开始融化，他看着不忍心，便把雪人移到了山间阴凉处，然后与之告别。这个短片故事无论以何种形式拍摄，都可以让观众情动，因为故事本身就动人心弦。与之相比，以科学为内容设计科普展项，让观众情动就困难得多。但也有学者指出，比起内容，情动理论下的“动情”科学教育更加专注形式：“并非什么，而是如何——或者更准确地说，是如何情动，以及如何被他物情动”。[20]在所列举的科普展示中，科普展项作为物质媒介对科学思想和科学精神进行传播，其所承载的科学内容的基本形式是叙事。叙事成为触发情动的扳机，是科普展项让观众情动/观众被科普展项情动的共性形式特征。

四、结语：叙事——“动情”的科普展示化路径

科技馆学界对叙事研究已不再陌生，特别是在展览研究领域，如何利用叙事研究的方法和技术来做好展览成为近年来热议的话题。基于展项的叙事研究有助于从叙事研究的方法论层面发现科技馆和科学中心展项的价值与意义。叙事的缘起可以追溯至发源于古希腊时代柏拉图与亚里士多德的模仿说。柏拉图在《理想国》中对模仿（mimesis）与叙述（diegesis）进行了区分。若将模仿理解为对于对象的再现，是一种同质性的模仿、一种同化的行为，那么叙述则是对于对象的表现，是一种异质性的模仿、一种异化的行为。从本体范畴下考察科技馆展项的模仿，是科技馆展项的外部问题，其实质是在探讨科技馆展项作为一个整体与它之外的世界处于何种关系。

罗兰·巴特认为任何材料都适宜于叙事，叙事承载物可以是口头或书面的有声语言、固定或活动的画面、手势等，以及所有这些材料的有机混合。而实际上，叙事学的发展并没有完全遵循这种设想，其研究对象局限于以书面语言为载体的叙事作品中，很少涉及非语言材料构成的叙事领域。21世纪以来，在西方后人文主义思潮的影响下，空间、物等以往鲜有问津的非人类对象进入了叙事学的研究范畴，龙迪勇（2008）提出了“空间叙事学”的概念，一改“经典叙事学”和“后经典叙事学”重时间、轻空间的研究传统，将叙事学的空间维度研究提升到了新的高度。[21]借鉴欧美的思辨实在论哲学，唐伟胜（2017）提出了“物叙事”的概念并尝试建构本体叙事学。[22]关于科学的叙事不一定局限于科幻小说或影视作品，科普展项也可以是关于科学的叙事，笔者认为科普展项的叙事是超越物质的“现象叙事”，兼具空间叙事和物叙事的属性，同时因其兼备现象的过程性特征，又不同于空间叙事和物叙事，而是一种叙事时空体（narrative chronotope）。

现象是科技馆和科学中心展项模仿与叙述的对象，作为现象叙事的科技馆和科学中心展项是再现与表现的统一，具有重要的理论与现实意义。当展项成为一种叙事，科学成为一种文化，作为人类共通语言的科学与艺

术美美与共的科普伦理内在追求、斯诺“两种文化”（科学文化与人文文化）交融弥合的实现便得以推动，科普展项设计由现实主义向浪漫主义转向的齿轮便开始转动。情动理论下“动情”的实现要求叙事不仅作为科普展项再现与表现的对象，即现象的形式，也要求叙事成为科普展项内容设计的普适机制，进而成为科普展项的本质属性。何以动情？唯有叙事。在当今人工智能趋于乃至去除人性的“后人类”时代，无论是“动手学”强调的具身操作，还是“动脑学”强调的思维能力，通过机器学习似乎都可以习得，而“动情学”强调的情感变化是其他非人类主体所无法具备的，是人类难以被机器模拟和取代的方面，亦是我们捍卫人性的最后堡垒，值得格外珍视与守护，这要求我们探索、深化科普展项的现象叙事理论与实践，顺应时代的需求，紧跟当前“动情”科学教育的发展趋势，在科技馆和科学中心场域的科普研究中，在科普展示化实践层面，将现象叙事作为科普展项的本质，主动作为、不断求索，研发设计出让观众动情的科普展项，并在科普展示化理论层面对实践经验加以总结、凝练与升华，同时不断以异在论为立场，跨域寻求理论源泉，按照哲学—文化—科普—展项—叙事—哲学的研究路径反复开展思想试验，开拓从理论到实践、再由实践上升至理论的复归式理论结合实践之路。

具体而言，科学中心应积极发掘展品、剧场、动态雕塑等适宜开展叙事的物质形态载体，引入艺术家、剧作人、雕塑家等人文领域人士驻馆，与策展团队同步开发科普展示项目，由此制成的展项首先是一件件艺术作品，而不是枯燥、乏味，叙事缺席的科学教具。将作为空间的展馆与作为物的展项的意义交至观众手中，以展项作为触媒，触发观众与观众、观众与策展人等不同主体间的相遇，这种不同的、拥有不同经验和内在需求的个体之间的接触，便会产生交互、情动，促使意义的生成与自我的塑造，让科学中心也超越传统意义上非正规教育机构的既定框架，成为不同主体相遇、情动、叙事、自我塑造与意义生成的空间。

参考文献：

[1] SONG J, CHO S K. Yet another paradigm shift?: from “Minds-on” to “Hearts-on” [J]. Journal of Korea association for science education, 2004 (24): 129 – 145.

[2] BUTLER S V F. Science and technology museum [M]. Leister: Leister University Press, 1992.

[3] BUNNETT T. “Beyond understanding: curatorship and access in science

museums" in Museums of Modern Science [M]. Eds. Lindqvist S. Canton, MA: Science History Publications, 2000: 55-60.
[4] HOOPER-GREENHILL E. "Museum learners as active postmodernists: contextualizing constructivism" in the educational role of the museum [M]. Ed. Hooper-Greenhill E. London: Routledge, 1994: 67-72.
[5] HEIN G E. "The constructive museum" in the educational role of the museum [M]. Ed. Hooper-Greenhill E. London: Routledge, 1994: 73-79.
[6] HOOPER-GREENHILL E. "Communication and communities: changing paradigms in museum pedagogy" in the educational role of the museum [M]. Ed. Hooper-Greenhill E. London: Routledge, 1994: 179-188.
[7] 刘芊玥. "情动" 理论的谱系 [J]. 文艺理论研究, 2018, 38 (6): 203-211.
[8] SPINOZ B. Ethics [M]. Trans. W. H. White. Hertfords: Wordsworth Editions, 2001: 98.
[9] 杨凯麟. 分裂分析德勒兹 [M]. 开封: 河南大学出版社, 2016: 103.
[10] DELEUZES, GILLES, FELIX GUATTARI. A thousand plateaus: capitalism and schizophrenia [M]. Trans. Brian Massumi. Minneapolis: University of Minnesota Press, 1987: xvi.
[11] 塞格沃斯, 格雷格, 李婷文. 情动理论导引 [J]. 广州大学学报 (社会科学版), 2019, 18 (4): 20-29.
[12] LATOUR B. How to talk about the body? The normative dimension of science studies [J]. Body and society, 2004, 2 (3): 205-229.
[13] AGAMBEN G. The open: man and animal [M]. Stanford, California: Stanford University Press, 2004.
[14] MASSUMI B. Parables for the virtual: movement, affect, sensation [M]. Durham, NC: Duke University Press, 2002.
[15] 郭喨. 崭新科普: 从理解科学走向参与科学 [N]. 科技日报, 2019-05-13 (001).
[16] MASSUMI B. The autonomy of affect [J]. Cultural Critique. No. 31, The politics of systems and environments, Part 2, 1995: 83-109.
[17] 姜宇辉. 情动虚无主义及其 "治疗" [J]. 文化研究, 2019 (3): 215-233.
[18] 刘慧慧. 德勒兹 "情动" 理论研究 [D]. 上海: 上海大学, 2019.
[19] HARDT M. "Foreword: what affects are good for" in the affective turn:

theorizing the social [M]. Eds. Patricia Ticineto Clough and Jean Halley, Durham and London: Duke University Press, 2007: x.

[20] SHAVIRO S. Pulses of emotion: Whitehead's critique of pure feeling [EB/OL]. (2007-07-01). http://www.shaviro.com.

[21] 龙迪勇. 空间叙事学 [D]. 上海: 上海师范大学, 2008.

[22] 唐伟胜. 思辨实在论与本体叙事学建构 [J]. 学术论坛, 2017, 40 (2): 28-33.